现代农业机械化技术

现代农机鉴定检测与监督规范

◎ 杨立国　张京开　主编

XIANDAI NONGJI JIANDING JIANCE YU JIANDU GUIFAN

中国农业科学技术出版社

图书在版编目（CIP）数据

现代农业机械化技术：现代农机鉴定检测与监督规范/杨立国，张京开主编 .— 北京：中国农业科学技术出版社，2020.1
ISBN 978-7-5116-4159-5

Ⅰ．①现… Ⅱ．①杨… ②张… Ⅲ．①农业机械化 Ⅳ．① S23

中国版本图书馆 CIP 数据核字（2019）第 078335 号

责任编辑　褚　怡　穆玉红
责任校对　李向荣

出 版 者	中国农业科学技术出版社 北京市中关村南大街 12 号　邮编：100081
电　　话	（010）82109707　82106626（编辑室）　（010）82109702（发行部） （010）82109709（读者服务部）
传　　真	（010）82106626
网　　址	http://www.castp.cn
发　　行	各地新华书店
印 刷 者	北京富泰印刷有限责任公司
开　　本	710 mm×1 000 mm　1/16
印　　张	14.75
字　　数	280 千字
版　　次	2020 年 1 月第 1 版　2020 年 1 月第 1 次印刷
定　　价	65.00 元

版权所有·侵权必究

《现代农机鉴定检测与监督规范》

编委会

主　　任　杨立国

副 主 任　秦　贵　宫少俊　张京开　李小龙　赵景文
　　　　　张　岚　熊　波

委　　员　（以姓氏笔画为序）
　　　　　马继武　王立成　王尚君　方宽伟　刘　旺
　　　　　李治国　李珍林　宋爱敏　张武斌　张艳红
　　　　　张　莉　陈建民　赵丽霞　赵铁伦　禹振军
　　　　　秦国成　徐岚俊　郭连兴　崔　皓　麻志宏

编写人员

主　　编　杨立国　张京开

参编人员　（以姓氏笔画为序）
　　　　　王荣雪　刘　旺　安红艳　孙贵芹　杜亚尊
　　　　　陈志英　苗秋生　盛　顺　谢　杰

序

中国是一个农业大国,工业化基础薄弱,新中国成立前,农业生产方式非常落后,基本上沿用较为原始的人畜力手工工具。新中国成立后的1950年,尽快恢复和发展农业生产提上了政府工作的日程,政务院在中南海主持新农具和马拉农具展览,从此开启了我国农机化事业发展的序幕,国家开始有计划、有组织的开展改良农具和新式农具的示范推广工作,之后的1951年,农业部在农政司农具处成立"农具试验鉴定组",专门从事农具试验鉴定工作,也由此创立了我国农机试验鉴定制度。

农业生产的多样性和作业对象的生物性决定了农业机械推广使用的复杂性。大多数农业机械是在田间作业,工作条件恶劣,受自然环境的影响非常显著,主要特点是农机的作业对象是土壤和作物,其物理/机械特性变化很大,特别是我国地域辽阔,经营主体分散,规模小,自然条件复杂多变,土壤、作物种类繁多,耕作制度各异,给农机的研究设计带来较大困难,这是由农机本身的工作特点所决定的。第一,使用环境的不可控与一般的工业产品有很大区别。第二,作业对象的生物性要求产品的功能必须保证生物体的完好性。第三,作业的成本必须与农产品的价格相适应,因为农产品是社会的必需品,其价格必须确保低收入人群的基本生活,也就是农机价格受农产品价格的制约,不可能过高。第四,产品的技术水平必须与农业生产经营规模相适应,因为我国分散式小农户生产方式一直占据主流,农业生产基础非常落后。因此,在农机科学研究和产品制造过程中,田间使用试验是深入研究农业机械和改进产品的主要方法,具有特别重要的意义。

农机推广使用的复杂性决定了农机试验的特殊性。一是农业机械的运用必须配合农时,受季节性的影响很大,许多农机具每年的试验时间往往只有几天或者十几天,在这样短促的时间内要得到大量的、充分的、可靠的试验数据,必须有很高的试验工作效率，简短试验过程、完善试验方法和数据统计技术，才能缩短农机的研究和设计周期。二是农机的主要作业对象是土壤和作物，它们之间有着密切的关系，因此必须注重土壤和作物的物理/机械特性的研究。三是农机试验的目的宽泛，既要为农机理论研究和产品设计提供科学依据，又要评定农机产品的制造质量（是否符合设计技术要求）、工作质量（能否满足农业技术要求）、经济效益、结构强度以及使用耐久性等。四是农机试验仪器应尽可能满足野外试验的要求，防尘、抗震、轻便、省电，性能稳定可靠、使用操作方便等。

农机试验一般分为实验室试验和田间使用试验。实验室试验是在人为控制的条件下对农机整机或部件进行的性能试验或结构试验。因此，它可以不受自然条件的限制，从而可延长试验时间。此外，在可控的条件下容易实现"单因子"试验，因而更便于进行精确的测量和研究。实验室试验通常在专门的试验台上进行（如土槽试验台、排种器试验台等），一般具有科学研究的性质。而且由于在实验室模拟田间工作条件有一定困难，因而这类试验有一定的局限性。田间试验是在田间条件下进行的性能试验和结构试验，试验过程一般要经过设计，保证试验条件具有典型性或代表性，试验结果具有可复现性，试验成本具有好的经济性。田间试验可以是科学研究性质的，也可以是生产考核性质的。

在我国，农机产品质量的评价方法主要有两种，一种是以产品与标准或技术条件要求的符合性为标志判定产品合格与否的评价方法，另一种是以产品技术性能满足使用者需求程度为标志的产品质量评价方法。两种方法无所谓优劣，只是社会需求与出发点不同，服务对象不同，经济发展阶段不同、社会分工不同所导致的，与人们的认识角度相关。就其用途来说，前者是针对产品本身而言，更适合于政府监管及企业之间的商业往来，用来表征产品的固有特性满足规定要求的程度，这种方法某种程度上带有企业主导的特征，是大家所熟悉的产品质量评价方法。后一种评价方法是农机使用管理部门一直实践着的方法，即产品的固有特性满足农业或用户预期使用要求程度的评价方法，这种方法某种程度上带有使用者主导的特征，是大家所不熟悉的。而随着社会生产能力的提高和人们个性化需求的增强，后一种产品质量的评价方法也可能是最具发展潜力的方法。

农机试验鉴定经过了六十多年的发展已经初步构建了基于满足用户需求为特征的农业机械试验鉴定理论体系，这一理论体系具有满足人们不断追求美好生活的特性，符合发展生产是为满足人们需要为目标的供求规律，具有无限的生命力，必将成为今后产品质量评价的主流。但还很不完善，需要不断地加以丰富。

特别是随着乡村振兴战略的实施，新的机型品种不断涌现，农机的应用领域正在扩展。因此，加强农机鉴定理论的研究和试验方法和标准的研究与制订，乃是当务之急，必须有计划有步骤地抓紧进行，不断加以补充、完善。与此同时，还应加强测试技术和测试手段的研究，在现有仪器设备的基础上，积极采用新技术、新方法、新设备，不断提高技术水平，缩短试验周期，提高农机鉴定工作效率和经济效益。在此理论基础上形成的"田间试验与用户调查"相结合的质量评价模式为主的产品适用性、安全性和可靠性等一系列质量评价方法也将被广泛应用并不断地丰富和发展。

农机试验鉴定从开创之初到现在经历了六十多年的历程，尽管在发展过程中历经风雨，但广大农机鉴定工作者砥砺前行，为我国农机化发展做出了突出的贡献。总结以往的经验不难看到农机试验鉴定为新型农业机械和农机化新技术的推广提供了强有力的支持，为用户选购农机具提供了参考，为强制性标准的贯彻实施提供了保障，为保障使用者人身和财产安全做出了贡献，为农机购置补贴提供了支撑。此外，农机试验鉴定促进了企业技术进步，加速了企业生产条件改进升级，切实增强了企业产品安全设计意识，为我国农机制造业和农机化健康发展提供了保障。

前　言

农业机械化是实施乡村振兴战略的重要支撑，没有农业机械化就没有农业农村现代化。习近平总书记指出，要大力推进农业机械化、智能化，给农业现代化插上科技的翅膀。

改革开放40年来，我国的农业机械化伴随着社会的发展取得了长足进步，为保障粮食安全、促进农业产业结构调整、加快农业劳动力转移、发展农业规模经营、发展农村经济、增加农民收入等方面提供了有力的支撑。

为进一步提高我国的农业农村机械化水平，更好的服务乡村振兴战略和美丽乡村建设，提升现代农业发展的高精尖水平。在北京市农业农村局的指导下，北京市农业机械试验鉴定推广站组织编写了《现代农业机械化技术》系列丛书。本丛书涵盖了农业产业和农村发展亟需的粮经、蔬菜、养殖、生态、农机鉴定和社会化服务组织管理六大方面农机化专业知识，在编写中注重"融合、支撑、创新、服务"理念和"生产、生态、生活、示范"功能，以全面服务农机科研主体、农机生产主体、农机推广主体、农机应用主体为目标，用通俗易懂的语言、形象直观的图片、实用新型的技术以及最新的科技成果展示，力求形成一套图文并茂、好学易懂、易于实践的技术手册和工具书，为广大农民和农机科研、推广等从业者提供学习和参考资料。

目 录
CONTENTS

第一章　农业机械常识 ·· 1
　第一节　基本概念 ·· 1
　第二节　典型农机产品介绍 ·· 6
　第三节　农机制造基础 ·· 64
　第四节　农机发展前沿技术 ·· 99

第二章　农业机械试验鉴定 ·· 107
　第一节　基本术语和定义 ··· 107
　第二节　农机试验设计与抽样技术 ·· 117
　第三节　误差理论简介 ··· 131
　第四节　数据处理与测量不确定度评估 ··· 139

第三章　常用检测技术及仪器设备 ·· 152
　第一节　农机检测技术 ··· 152
　第二节　常用仪器仪表 ··· 159
　第三节　仪器仪表选择 ··· 185
　第四节　农机试验鉴定案例 ·· 187

第四章　农机质量管理 ··· 202
　第一节　法律法规框架 ··· 202
　第二节　现行的质量管理制度 ·· 208
　第三节　农机推广鉴定的基本要求及特征 ·· 216

参考文献 ·· 223

第一章 农业机械常识

第一节 基本概念

一、农机相关定义

(一) 农业机械

农机是农业机械的简称，狭义的农机，指农业生产中使用的各种机械设备统称。广义的农机还包括林业机械、渔业机械和蚕桑、养蜂、食用菌类培植等农村副业机械。农业机械属于相对概念，指用于农业、畜牧业、林业和渔业所有机械的总称，农业机械属于农机具的范畴。推广使用农业机械称为农业机械化。

农业机械的概念最权威的法律层面的概念由《中华人民共和国农业机械化促进法》第二条给出，该法规定"农业机械是指用于农业生产及其产品初加工等相关农事活动的机械、设备。"该定义强调了农业机械与农业生产、应用过程及其与农事活动的相关性。

"科普中国"百科科学词条中给出的"农业机械"的概念，是指在作物种植业和畜牧业生产过程中，以及农、畜产品初加工和处理过程中所使用的各种机械。农业机械包括农用动力机械、农田建设机械、土壤耕作机械、种植和施肥机械、植物保护机械、农田排灌机械、作物收获机械、农产品加工机械、畜牧业机械和农业运输机械等。该定义强调了机械与种养两大产业生产过程及其初加工作业的相关性。

通俗地说，农业机械是指在农业生产处理过程中应用的各种机械。

农业机械（Agricultural machinery）即在农业生产过程中所使用的动力机器

与设备，一般需要通过人类操作完成各种农业生产环节的作业。包含了大农业生产的农、林、牧、副、渔各个行业（部门）及其产前、产中、产后各环节的使用的所有动力机器与设备。

农业机械学是研究农业机械基本构造、工作原理、理论分析与计算、创新设计，以及研究农业生产机械化方式的一门农业技术科学。

（二）农业机械的起源及发展

农业机械的起源可以追溯到原始社会使用简单农具的时代。在中国，新石器时代的仰韶文化时期（约公元前5000—前3000年）就有了原始的耕地工具——耒耜。公元前13世纪就已使用铜犁头进行牛耕，到公元前3世纪的春秋战国时代，已经拥有耕地、播种、收获、加工和灌溉等一系列铁、木制农具。公元前90年前后，赵国发明的三行耧，即三行条播机，其基本结构至今仍被应用。到9世纪已形成结构相当完备的畜力铧式犁。在《齐民要术》《耒耜经》、王祯《农书》《天工开物》等古籍中，对各个时期农业生产中使用的各种机械和工具都有详细的记载。在西方，原始的木犁起源于美索不达米亚和埃及，约公元前1000年开始使用铁犁铧。

19世纪至20世纪初，是发展和大量使用新式畜力农业机械的年代。1831年，美国的C.H.麦考密克创制成功马拉收割机。1836年出现了第一台马拉的谷物联合收获机。1850—1855年，先后制造并推广使用了谷物播种机、割草机和玉米播种机等。20世纪初，以内燃机为动力的拖拉机开始逐步代替牲畜，作为牵引动力广泛用于各项田间作业，并用以驱动各种固定作业的农业机械。

20世纪30年代后期，英国的H.G.弗格森创制成功拖拉机的农具悬挂系统，使拖拉机和农具二者形成一个整体，大大提高了拖拉机的使用和操作性能。由液压系统操纵的农具悬挂系统也使农具的操纵和控制更为轻便、灵活。与拖拉机配套的农机具由牵引式逐步转向悬挂式和半悬挂式，使农机具的重量减轻、结构简化。40年代起，欧美各国的谷物联合收获机逐步由牵引式转向自走式。60年代，水果、蔬菜等收获机械得到发展。自70年代开始，电子技术逐步应用于农业机械作业过程的监测和控制，逐步向作业过程的自动化方向发展。

（三）农业机械在农业生产中的主要作用及其特性

农业机械在农业生产中的主要作用：一是减轻劳动强度，改善劳动条件；二是提高劳动生产率；三是提高土地产出率与资源利用率；四是争取农时，不违农时；五是促进了农业新技术的发展；六是推动了农业的社会化和商品化生产；七是防治农业环境破坏与污染。

农业机械的特性：一是作业对象复杂及机械种类繁多；二是作业分单项作业和复式作业，且后者越来越多；三是作业环境条件差；四是农业生产季节性强及对应的农业机械使用时间短，利用率相对较低。

（四）我国农业机械的发展过程

1. 1949 年之前

原始社会的简易农具标志着我国农业机械的起源，在《齐民要术》《耒耜经》等古籍中有所记载。耒耜——一种早期的耕地工具，在我国新石器时代（约公元前5000—前3000）出现。发展到公元前13世纪，拥有了铜犁头为主的牛耕。随着古代农业的发展，公元前3世纪的春秋战国时期，铁、木制农具已经在农业的耕种、收获、生产与加工的各个方面广泛应用。一些原始社会农具的基本原理至今仍在部分农业机械中应用。

2. 1949 年至今

（1）第一发展阶段：1949年—1980年，初始发展进程。在中央及地方政府农业机械化的政策与方针引导下，初步形成了从中央到地方的一套比较完整的农业机械保障服务体系，广大农民群众对于应用农用机械的积极性被调动起来，积极投身农业机械的初始建设当中，使得我国的农业机械有了基础性的进步。这其中包括第一拖拉机制造厂、天津拖拉机制造厂、鞍山红旗拖拉机厂等一批早期的农业机械制造骨干企业。

（2）第二发展阶段：1981年—1995年，体制转变进程。土地经营权的主体随着家庭联产承包责任制的实施变成了农民本人。由于国家在农业机械上的扶持力度和优惠慢慢降低，农业机械的发展步入暂时的"窘境"。1983年出台了相关政策鼓励农民个体购买、使用农业机械来改变这种情况。此后，农业机械的发展又步入正轨。根据当时农民购买、操作农业机械的能力有限以及农业机械应用小型化的特点，农业机械的生产模式有所侧重，重点生产小型、应用广泛的农业机械，因此这一类农业机械在该进程中得到了一定的发展。

（3）第三发展阶段：1996年—2003年，跟随市场进程。从20世纪90年代中期开始，随着城市化进程发展，农村出现"进城热"的现象，大量劳动力开始向城市转移，导致农村劳动力出现了季节性短缺。为改善此类情况，经过国家农业部等部委的决策，在1996年，开始对小麦进行规模化的跨区域机械收割。市

场引导下，中国特色的农业机械道路形成了。

（4）第四阶段：2004年以来，法治引导进程。这一进程从2004年颁布的《农业机械化促进法》开始，这一里程碑式的进步，在促进和保障农业机械化方面发挥了重大作用。一系列的法治保障，根本上促进了农业机械的发展，加快了农业现代化进程，对社会主义建设的进程产生了深远影响。特别是近年来随着农机补贴政策的不断实施，我国农机工业到了一个快速发展的阶段，新技术新产品不断涌现，进口农机装备随着我国改革开放步伐的加快，快速进入国内市场。

（五）我国的农业机械的发展方向

我国迅速发展的农业机械在过去的时期内取得了一定的成果。随着农村土地流转、规模化经营、机械化操作的趋势的增强，农业机械的发展方向也会发生改变。结合市场需求，我国的农业机械向着高效智能、节约环保、舒适便捷和个性、专用性方向发展，是必然的选择。预计不久的将来，我国的农业机械将迎来新的蓬勃发展时期。

二、农机分类

农机的分类方法很多，我国现阶段相对公认的分类方法有两种，一种是从农业的生产应用角度去划分的分类方法，其主要依据来源于农业行业标准NY/T1640《农业机械分类》；另一种是从农机装备生产的角度去划分的分类方法，其主要依据来源于机械行业标准JB/T8574《农机具产品型号编制规则》。

三、型号编制

（一）编制原则

（1）一般来说农机产品的编号由牌号（或品牌商标）、型号和名称组成；文字叙述时可按牌号、型号、名称的顺序书写。

（2）产品牌号由生产单位自行确定，列于产品名称之前。

（3）产品名称应能说明产品的结构特点、性能特点和用途，应简明、通俗、易记，联合作业机械应落脚在主功能上。

（二）产品型号

产品型号的编制以JB/T8574《农机具产品型号编制规则》为基础。

1. 产品型号的编排顺序

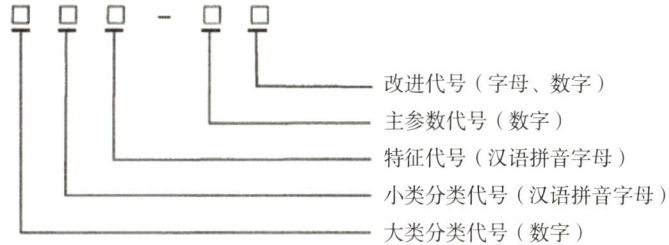

2. 产品型号的组成

产品型号依次由大类代号、小类分类代号、特征代号（必要时）、主参数代号和改进代号（必要时）等五部分组成，主参数与前边的特征代号（或分类号）之间以短横线隔开。

（1）大类代号：由 1–13 阿拉伯数字组成，分别表示 13 大类产品（第 14 类其它机械类的农机产品大类代号不标出"0"）。

（2）小类代号：以产品基本名称和汉语拼音文字第一个字母表示。为了避免型号重复，小类代号的字母，必要时可以选取汉语拼音文字的第二个或其后面的字母。为简化产品型号，在型号不重复情况下，小类代号应尽量少，个别产品可以不加小类代号。

（3）特征代号：由产品主要特征（用途、结构、动力型式等）的汉语拼音文字第一个字母表示。设置避免型号重复，特征代号的字母，必要时可以选取汉语拼音文字的第二个或其后面的字母。为简化产品型号，在型号不重复情况下，特征代号应尽量少，在不易发生混淆的情况下尽量不加特征代号。

（三）代码编制

农业机械的代码编制以 NY/T1640《农业机械分类》为基础。

代码结构及编码方法

大类代码以 2 位阿拉伯数字表示，从"01"至"15"；

小类代码以 4 位阿拉伯数字表示，具体品目代码以 6 位阿拉伯数字表示，最后 2 位为顺序码。小类及品目代码均由上位类代码加顺序码组成。代码结构图如下：

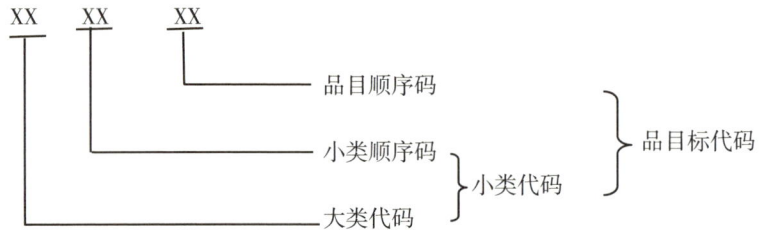

第二节 典型农机产品介绍

一、耕整地机械

耕整地机械包括耕地机械（如深松机、机耕船等）和整地机械（如起垄机、镇压器等）。

耕整地是通过使用各种机械对土壤的耕翻和疏松的作业过程，为农作物的种植和生长创造良好的土壤条件，是作物栽培的基础，是恢复和提高土壤肥力的重要措施，在整个农业生产过程中极为重要。耕整地机械包括耕地机械和整地机械。耕地作业包括在收获后的田地或休闲地上进行的翻土、松土、覆埋杂草或肥料等项目。耕地机械也称一次耕作机械，是对整个耕作层进行耕作的机具，主要有铧式犁、圆盘犁、深松机以及兼有耕耙联合作业的联合耕作机械。整地机械也称二次耕作机械，是对耕地后的浅层表土再进行耕作的机械，主要有圆盘耙、齿耙、水田耙、镇压器、驱动耙、旋耕机、灭茬机等。

我国北方传统的土壤耕作方法是精耕细作法，即作物在生长过程期间经过机械耕翻、耙碎、镇压、播种、中耕、除草、施肥、开沟、喷药、收获等各项作业。

为了减少耕作对土壤的扰动，少耕、免耕技术在土壤耕作中不断得到推广应用，此法是相对于传统耕作法而言，主要是以不使用铧式犁（有壁犁）耕翻和尽量减少耕作次数或动土量为主要特征，从尽量减少耕作次数发展到一定年限内免除一切耕作。

免耕法是保护性耕作采用的主要耕作方式，是用特定的免耕播种机在作物残茬地表一次完成破茬、开沟、播种、施肥、撒药、覆土、镇压等作业。

（一）耕地机械

1. 犁

犁是一种耕地机械。它的主要功能是松、碎土壤。根据其工作原理不同主要分为铧式犁、圆盘犁、凿形犁、高速犁、翻转犁、调幅犁、层耕犁、耕耙犁、菱形犁等（图1-1）。

（a）铧式犁　　　　　　（b）翻转犁　　　　　　（c）圆盘犁

图1-1　几种犁

（1）铧式犁：铧式犁的主要工作部件是犁铧，通过犁铧的犁体曲面对土壤的切削、碎土和翻扣实现耕地作业的。铧式犁按应用对象分为旱地犁、水田犁、果园犁等；按重量分为轻型犁和重型犁；按与拖拉机的挂接形式（即运输状态下犁的支撑情况）可分为牵引犁、悬挂犁、半悬挂犁。

牵引犁：犁和拖拉机通过牵引装置单点挂接，拖拉机的挂接装置对犁只起牵引作用，犁的重量由三个轮子支承。

悬挂犁：通过悬挂架与拖拉机三点悬挂机构相铰接，靠拖拉机的液压提升机构进行升降。运输时，犁悬挂在拖拉机上。

半悬挂犁：前端通过悬挂架与拖拉机液压悬挂系统相连，犁的后部设有限深尾轮。由工作位置转换到运输位置时，犁的前端由液压提升器提起；当前端抬升一定高度后，通过液压油缸，使尾轮相对于犁架向下运动，于是犁架后部即被抬升，犁的后部重量由尾轮支承。尾轮通过操向杆件与拖拉机悬挂机构的固定臂连接，当机组转弯时，尾轮自动操向。犁的耕深由拖拉机液压系统和限深轮控制。

（2）圆盘犁：园盘犁是利用球面圆盘进行翻土和碎土的耕作机械，它依靠其重量强制入土，以滑切和撕裂、扭曲和拉伸共同作用来加工土壤。工作时圆盘被动旋转，圆盘与前进方向成一偏角，并且圆盘回转平面与铅垂面成一倾角。

（3）凿形犁：凿形犁又称深松犁，工作部件为一凿形齿深松铲，安装在机架后横梁上，连接处有安全销，碰到大石头等障碍物时，安全销被剪断，保护深松铲。凿形齿在土壤中利用挤压力破碎土壤,深松犁底层没有翻垡能力。

（4）高速犁：高速犁是为了提高耕地效率,与大功率拖拉机配套设计的一种特种犁。普通犁的耕作速度为4.5~6km/h,当耕作速度超过7km/h时,即属高速作业。

（5）翻转犁：翻转犁可以实现双向翻土,也称双向犁,用这种犁耕的地,垡片始终向地块的一边翻倒,地表不留沟垄,耕后地表平整,空行程也较普通犁为少。

（6）调幅犁：通过铧式犁工作时幅宽不易调节,而调幅犁能改变犁耕机组本身总幅宽,以适应土壤条件及耕作要求改变时,对拖拉机牵引力要求的变化,并提高拖拉机的工作效率,降低油耗。其工作原理是通过调节机构改变犁的主梁与方向的夹角而改变犁间的重叠量,安装的主梁上的犁体与主梁的夹角也必须进行相应的同步变化,以保持犁的设计工作状态。

（7）层耕犁：层耕犁是一种对土壤进行分层耕作的犁。层耕犁分深松铲与铧式犁组合以及铧式犁与铧式犁组合两种。深松铲与铧式犁组合时,置于前边的铧式犁在正常耕深范围内翻土,而置于后边的深松铲将下面的土层松动,达到上翻下楷,不乱土层的深耕效果。铧式犁与铧式犁组合是用一个犁体先将上层土壤翻至前一趟已开好的沟底,然后由另一犁全将下层土壤铲起,翻至上层,其工作过程与带小前铧的复式犁类似。

（8）耕耙犁：耕耙犁可以一次完成耕地和耙地作业,按其碎土器配置方式不同,可分为分组立式、分组卧式和整组卧式三种。

（9）菱形犁：菱形犁的犁体耕出的垡断面呈菱形,其犁体的犁胫线外凸,耕出的沟壁上部内凹,为翻转下一垡片创造了条件,犁体的纵向间距可以配置得较小,而不致引起垡片和前犁体的干涉。

2. 旋耕机（图1-2）

图1-2 几种旋耕机

旋耕机是一种由动力驱动的以主动旋转刀齿为工作部件，以铣切原理加工土壤的耕作机械。其切土、碎土能力强，能切碎秸秆并使土肥混合均匀，耕后地表平整，土壤细碎松软，土肥混合好，减少拖拉机进地次数，在抢收抢种中能及时完成任务，一次作业能达到犁耙几次的效果，能满足精耕细作的要求。但其消耗功率较大。

旋耕机的种类很多，按其工作部件的运动方式可分为横轴式（卧式）、立轴式（立式）和斜轴式等几种。按动力配置可分为手持拖拉机用和拖拉机用两种。按动力传递路线可分为中间传动和侧边传动两种。

旋耕机主要由机架、传动系统、旋转刀轴、刀片、耕深调节装置、档土罩壳、平土拖板及挂接装置等组成。

3. 深松机（图1-3）

图1-3 几种深松机

深松技术可打破长期翻耕作业形成的坚硬犁底层，以及机械作业造成的土壤压实，使耕层以下的土壤得到松动，从而使耕层变厚，提高孔隙度和土壤的透水、透气性能，改善作物根系生长环境，增强雨水的渗入能力，提高蓄水抗旱能力，并保持地表的植被覆盖，减少土壤的风蚀与水土流失，有利于生态环境的保护的一种耕作技术。用于深松作业的机具称为深松机。

（1）全方位深松机具：利用深松铲进行全面松土并打破犁底层的作业机具。一般从土壤中切出梯形截面土垡并铺放回田中，创造出适于作物生长的"上虚下实，左右松紧相间及紧层下部有鼠道"的土壤结构，有利于通水透气、积蓄雨水，改善耕层土壤特性。主要由左右对称的连接板、侧刀及底刀组成的梯形框架，使土壤受剪切、弯曲、拉伸等作用而松碎，并且不会对深松铲底部及侧边的土壤进行挤压。

（2）局部深松机具：局部深松是利用深松铲进行松土作业，实现疏松土壤，打破犁底层，增加蓄水量，不翻转土壤的保护性耕作方式。

（二）整地机械（图1-4）

（a）圆盘耙　　　　　　　　（b）镇压器　　　　　　　　（c）起垄机

图1-4　几种整地机械

耕地后土垡间存在着很大的孔隙，土壤的破碎程度与地面的平整度还不能满足播种和栽植的要求，所以一般要进行第二次碎土、平整耕地，为播种和栽植以及作物生长创造良好的条件。

碎土整地作业包括耙地、平地、镇压、起垄和作畦。碎土整地机械主要包括耙（圆盘耙、水田耙和齿耙等）、镇压器、起垄机（犁）和作畦机等。

1. 圆盘耙

主要用于犁耕后的碎土和平整地表，也可用于搅动土壤、除草，以及播种前的松土。

2. 水田耙

在水田进行整地作业的机具，水田土壤比较黏重，耕后土块较大，所以进行秧苗移栽前需要整地作业，以达到耕后碎土（或代替犁耕）、平整地面及使泥土搅混起来的目的。

3. 齿耙

主要用于旱地犁耕后或播种前进一步松碎土壤，平整地面，为播种创造良好条件。

4. 镇压机械

土壤经过耕耙作业后，常常变得过于疏松，使土壤容易干燥，通过对表土的镇压，可以防止水分蒸发，风蚀以及霜冻。镇压器主要用于压碎土块、压紧耕作层、平整土地或进行播种后镇压，使土壤紧密，有利于土壤底层水分上升，促使种子发芽，也可用于压碎雨后地表硬壳。常用的镇压器多为牵引式，可分为V形、网形和圆筒形等。

5. 起垄机

起垄机主要适用于薯类、豆类、蔬菜类的田间耕后起垄作业，它是通过旋耕、壅土、成型、压实等部件形成一个或几个适合垄作物种植条件的垄形的作业机具。起垄机具有垄距、垄高、起垄行数、角度调整方便，配套范围广、适应能力强等特点。

二、种植施肥机械

种植施肥机械包括播种机械（如条播机、水稻直播机等）、育苗机械设备（如种子播前处理设备、秧苗嫁接机等）、栽植设备（如水稻插秧机、秧苗移栽机等）和施肥机械（如撒肥机、追肥机等）。

（一）种植机械

种植机械包括播种机械和栽植机械。播种机械包括各种播种机，栽植机械主要指秧苗栽植机械，包括水稻插秧机、水稻抛秧机、蔬菜栽植机、烟草栽植机、甘薯栽秧机等。

1. 播种机的分类

播种机的分类方法很多，按播种方法的不同可分为撒播机、条播机、点（穴）播机、精密播种机；按拖拉机的挂结方式可分为牵引式、悬挂式和半悬挂式；按作业项目可分为联合播种机（如播种、施肥联合作业或播种、整地联合作业或铺膜、播种联合作业等）、播种中耕通用机（既能播种又能中耕、起垄和追肥）等。按机械结构及作业特征分为谷物条播机和中耕作物点（穴）播机两大类。

播种机主要完成开沟、播种、施肥、覆土、镇压等工序，因此其相应的工作部件主要有开沟器、排种器、排肥器、覆土镇压装置等，其辅助装置主要有种子箱、导种管、行走装置、传动装置、挂结装置、调整装置、质量监控装置等。

2. 常见的几种播种机

（1）谷物条播机：播种机一般包括种（肥）箱、排种（肥）器、输种（肥）管、开沟器、覆土器、镇压轮、划行器、传动机构、开沟器升降调节机构、机架和地轮等部分组成。其中开沟器、排种（肥）器为决定播种效果的主要工作部件。

谷物播种机以条播麦类为主，兼施种肥，主要完成开沟、排种、覆土三项主要工序，其播行较窄，苗期行间不进行中耕。如图1-5是谷物条播机的工作过

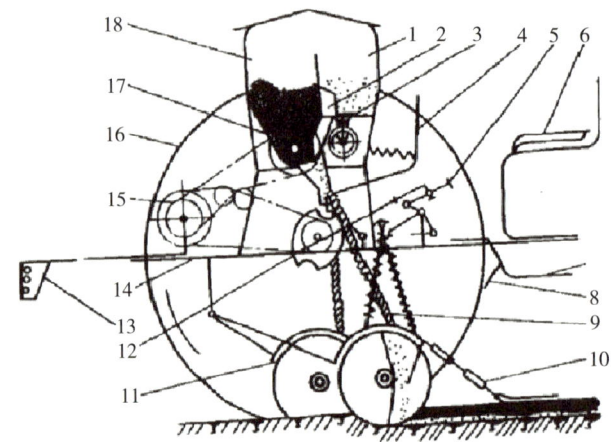

1.肥料箱 2.排肥量调节活门 3.排肥器 4.升降手柄
5.播深调节机构 6.座位 7.踏脚板 8.刮泥刀 9.输种（肥）管 10.覆土器 11.开沟器
12.开沟器升降机构 13.牵引装置 14.机架 15.传动装置 16.行走轮 17.排种器 18.种子箱

图1-5 施肥播种机结构示意

程结构示意图。播种机工作时，开沟器在地上首先开出种沟，行走轮经传动装置带动排种器轴旋转，种子箱内的种子被排种器均匀连续排出，通过输种管落入种沟内，最后由覆土器覆盖。有的同时施种肥，干旱地区为使种子与土壤紧密接触保证发芽，播种机还带有镇压轮，在播种的同时进行镇压。

（2）点（穴）播机：中耕作物如玉米、大豆、甜菜、棉花等多采用精密播种，实现单粒点播或穴播。以2BJ-4型气吸式精密播种机为例，其主要由机架、

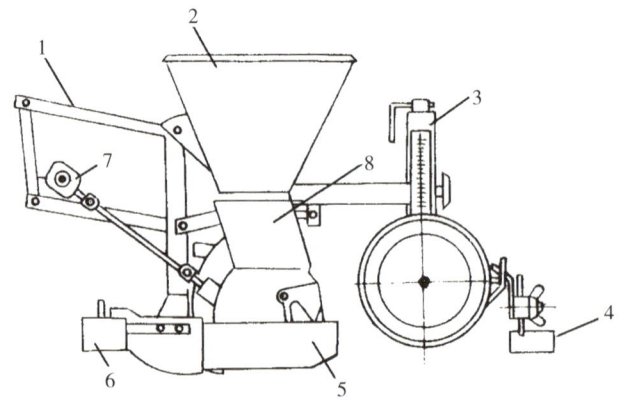

1.平行四连杆 2.种子箱 3.镇压轮 4.覆土器 5.开沟器 6.刮干土铲 7.齿轮包 8.排种器

图1-6 播种单组结构

地轮、传动系统、风机、播种单组、施肥装置和划行器等组成。如图1-6是其播种单组结构示意图，它主要由平行四连杆、气吸式排种器、开沟器、覆土镇压轮等组成，能一次完成开沟、播种、施肥、覆土、镇压等工序，适合单粒精密播种玉米、高粱、豆类、棉花等作物。

（3）联合作业机：在一次作业中能同时完成整地、筑埂、平畦、铺膜、播种、施肥、喷药等多项作业或其中某几项作业的机具，均属联合作业机具。比如能同时完成除草、整地、播种、施肥、覆土、镇压功能的旋耕播种机；在已耕地上一次完成松土、碎土、播种作业的整地播种机；能同时能完成铺膜、播种作业的铺膜播种机，铺膜作业又可实现铺膜、作畦铺膜、旋耕作畦铺膜等。

旋耕播种机：拖拉机动力输出轴驱动旋耕机进行旋耕整地的同时，排种器排出的种子通过导种管落入开沟器开出的种沟内。旋耕刀片甩出的土粒在开沟器两侧和下面形成向后的土流，两侧的种子将种子挤压一束，下层土流形成良好的种床。有旋耕机罩壳和播种机下盖板反弹的土粒覆盖在种子上，拖板后缘将覆土压实并刮平。

图1-7为旋耕播种机结构示意。

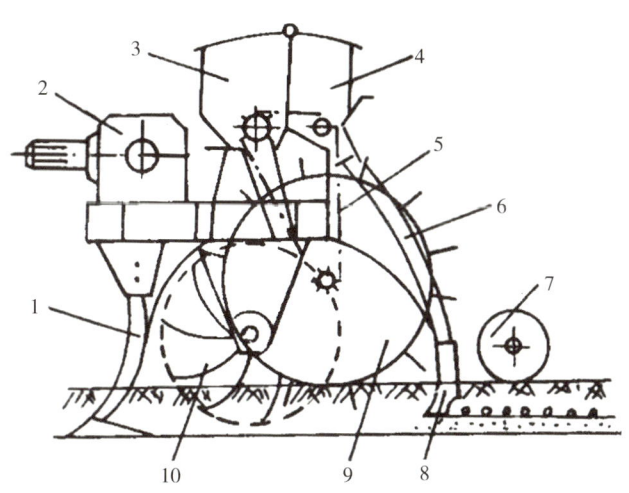

1.松土除草铲 2.齿轮箱 3.肥料箱 4.种子箱 5.传动链 6.导种管 7.镇压轮 8.开沟器 9.传动轮 10.旋耕机

图1-7 旋耕播种机结构

铺膜播种机：铺膜播种机可先铺膜后播种或先播种后铺膜，图1-8是先铺膜后播种工艺的鸭嘴式铺膜播种机。该机每个播种单体配置两行开沟、播种、施肥等工作部件，并有一塑料薄膜卷和相应的展膜、压膜装置。其工作过程为：底肥由排肥器、排输肥管送入经施肥开沟器开出的种行一侧的肥料沟内，平土器将地表平土及土块推出种床并填平肥料沟，同时开出两条压膜小沟，由镇压辊将种床压平。塑料薄膜经展膜辊铺在种床上，压膜辊将其横向拉紧，并使膜边压入两侧的小沟内，覆土圆盘完成膜边盖土。种箱内的种子经输种管进入穴播滚筒的种子分配箱，随穴播滚筒一起转动的取种圆盘通过种子分配箱时，从侧面接受种子进入取种盘的倾斜型孔，并经挡盘卸种后进入种道，随穴播滚筒转动落入鸭嘴端部。当鸭嘴穿膜打孔达到下死点时凸轮打开活动鸭嘴，使种子落入穴孔，鸭嘴出土后由弹簧使活动鸭嘴关闭。此时后覆土圆盘翻起的碎土小部分经锥形滤网进入覆土推送器，横向推送至穴行覆盖在穴孔上，其余大部分碎土压在膜边。

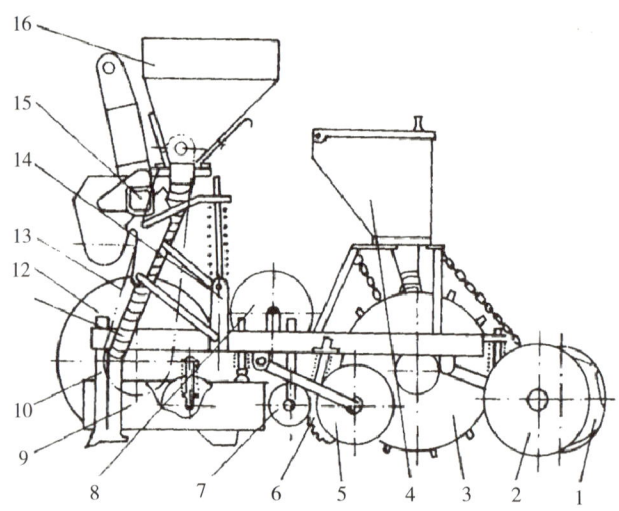

1. 覆土推送器 2. 后覆土圆盘 3. 穴播器 4. 种子箱 5. 前覆土圆盘 6. 压膜辊 7. 展膜辊 8. 膜辊 9. 平土器及镇压辊 10. 开沟器 11. 输肥管 12. 地轮 13. 传动链 14. 副梁及四连杆机构 15. 机架 16. 肥料箱

图 1-8　鸭嘴式铺膜播种机结构

免耕播种机：免耕播种是在作物收获后不经过耕整作业而直接在茬地上进行局部的松土后进行播种的过程。免耕播种使用专门的免耕播种机。由于直接在未经耕翻的茬地上工作，地表较坚硬，所以免耕播种须加装专门用来切断残茬和破土开种沟的破茬部件，如图 1-9 是几种常用的破茬部件，其中波纹圆盘刀能开出 5cm 宽的沟然后由双圆盘开沟器加深，能适应湿度较大的土壤中作业，又能在高速作业中保证工作质量，其适应性较广。凿形齿或窄锄铲式开沟器结构简单，入土性能好，但易堵塞，土壤板结时容易破坏种沟，作业后地表平整度差。驱动式窄形旋耕刀松土、碎土作用好，但动力须由动力输出轴传递，所以结构较复杂。

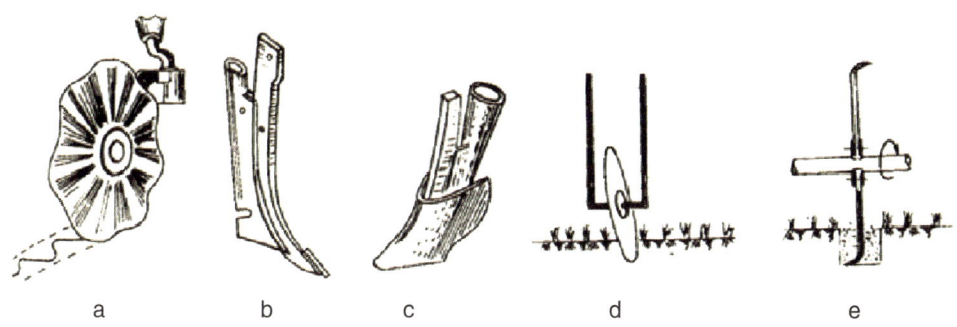

a 波纹圆盘刀 b 凿形齿 c 窄锄铲式 d 斜圆盘式 e 窄形旋耕刀
图 1-9　破茬工作部件示意

如图 1-10 是 2BQM-6A 型气吸式免耕播种机结构示意图：其工作过程为破茬松土器首先破茬开出 8~12mm 的沟，经外槽轮排肥器将肥料排入沟内，并由破茬松土器自行回土将肥料覆盖。双圆盘式开沟器开出种沟，气吸式排种器排出种子后经输种管落入开好的种沟内，并由 V 形覆土镇压轮进行覆土和适当压实。

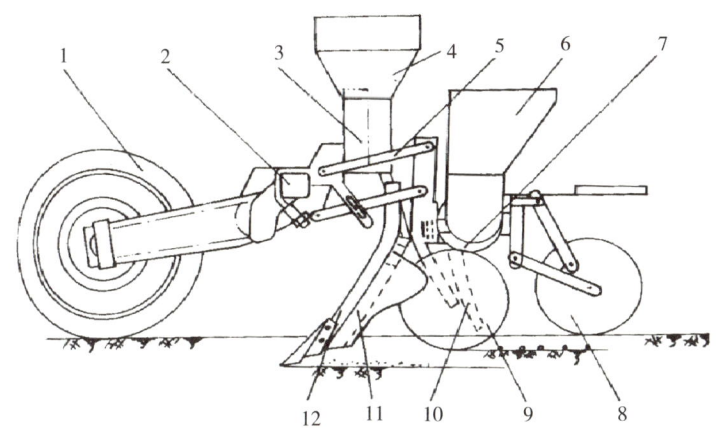

1.地轮 2.主梁 3.风机 4.肥料箱 5.四杆机构 6.种子箱 7.排种器 8.覆土镇压轮 9.开沟器 10.输种管 11.输肥管 12.破茬松土器
图 1-10　2BQM-6A 型气吸式免耕播种机结构

播种机的种类很多，图 1-11 是几种播种机图片。

精少量谷物播种机　　　　气吸式精量播种机　　　　气吹式精量播种机

棉花铺膜播种机　　　　　穴播播种机　　　　　　谷子播种机

图 1-11　几种播种机

（二）移栽机械

移栽是农作物生产的一种方式，先在苗床培养小苗，待壮苗后移植到大田。移栽机械按其自动化程度可分为半自动移栽机和全自动移栽机；按其作业对象分为水稻和旱田移栽机械。

水稻插秧机是将水稻秧苗定植在水田中的种植机械。功能是提高插秧的工效和栽插质量，实现合理密植，有利于后续作业的机械化。水稻移栽机械主要是插秧机和钵苗移栽机，插秧机用于毯状苗移栽，钵苗移栽机用于钵苗移栽。

图 1-12 为几种水稻插秧机图片。

乘座式水稻插秧机　　　　自走式水稻插秧机　　　　手摇人力插秧机

图 1-12　几种水稻插秧机

旱田移栽机械主要用于蔬菜、棉花、玉米、高粱、甜菜等旱地作物的移栽作业，按自动化程度旱地移栽机可分为简易移栽机、半自动移栽机和自动移栽机三种；按秧苗是否带土或基质分为钵苗移栽机和裸苗移栽机；按栽植器结构特点分为挠性盘式、钳夹式（指夹式）、链夹式、吊杯式、导苗管式、带式等移栽机；按操作方式分为步行式和乘坐式两类移栽机。

1. 鸭嘴式移栽机

其工作原理是由人工将钵苗放入下端封闭、缓慢运动的圆周分布的圆筒中，圆筒运动至鸭嘴式杆机构栽植器上放，封闭口打开，钵苗落入鸭嘴栽植器，栽植器入土后，鸭嘴张开，钵苗留在鸭嘴挖出的穴坑中，后边紧跟覆土器和镇压轮将钵苗的要部压固在土壤中。

2. 链夹式移栽机

主要由栽植部件、开沟器、覆土器、镇压轮、传动机构及机架等部分组成。其工作原理是人工将钵苗或裸苗放入张开的夹子中，夹子闭合，夹子运动到土壤中张开，秧苗留在土壤中，后边紧跟覆土器与镇压轮，覆土并压实在土壤中。

3. 吊杯式移栽机

主要由吊杯栽植圆盘、偏心圆盘、导轨、吊杯等组成。其工作原理是作业时，吊杯始终垂直地面，并随着圆盘或传送机构运动，当吊杯转到投苗位置时，人工将秧苗放入吊杯中，当转动到预定位置时，吊杯底部的鸭嘴在导轨的作用下被压开，秧苗落入穴内，随后覆土镇压装置进行覆土镇压，完成栽植。吊杯脱离导轨后，在弹簧的作用下重新闭合，依此循环。

图 1-13 为几种移栽机图片。

鸭嘴式移栽机

链夹式移栽机

吊杯式移栽机

图 1-13 几种移栽机

(三)施肥机械

根据作物生长过程中施肥的时间顺序主要分为三种方法。

施基(底)肥:在播种前将肥料撒在土表,耕地时翻入土中的施肥方法。如犁耕前的撒肥、犁耕时在犁上安装施肥器一边耕作一边将肥施入犁沟内等。

施种肥:在播种时将肥料与种子分层、或分左右或混合着播入土中。常见的施肥方法有侧深施(肥料的位置在种子的侧下方)、正深施(肥料在种子的正下方)和将肥料与种子混施在一起。

施追肥:在作物生长期间,将肥料施于植株要部附近,称为追肥,也有将某种易溶于水的营养元素用喷雾的方法施于作物叶面上,让作物吸收,称为根外施肥(叶面施肥)。

施肥机根据所施肥料的种类可分为固态施肥机、固态厩肥施肥机和液态肥施肥机等;根据施肥方式分为厩肥撒布机(如螺旋后抛或侧抛式)、粉末施肥机、颗粒肥撒布或抛撒机(如离心式撒肥机、外槽轮式或铰龙式施肥机)、液肥施肥机等。

图 1-14 为几种施肥机。

开沟施肥机

追肥机

厩肥机

图 1-14 几种施肥机

三、田间管理机械

田间管理机包括中耕机械(如除草机、埋藤机等)、植保机械(风送喷雾机、杀虫灯等)和修剪机械(如果树修剪机、枝条切碎机等)。

作物在田间生长过程中,需要进行间苗(控制作物单位面积的有效苗数,并保证禾苗在田间的合理分布)、除草(消除跟禾苗争养分、水、光气等资源的杂草)、松土(防止土壤板结和返碱,减少水分蒸发,提高地温,促使微生物活动,加速肥料分解)、培土(促进作物根系生长、防止倒伏)、灌溉(为作物生长提供适当的水分)、施肥(为作物生长提供必要的营养)和防治病虫害等作业,这些作业环节统称为田间管理。田间管理可分为栽培管理和植保管理。

(一) 中耕机械

旱田中耕机(图1-15)

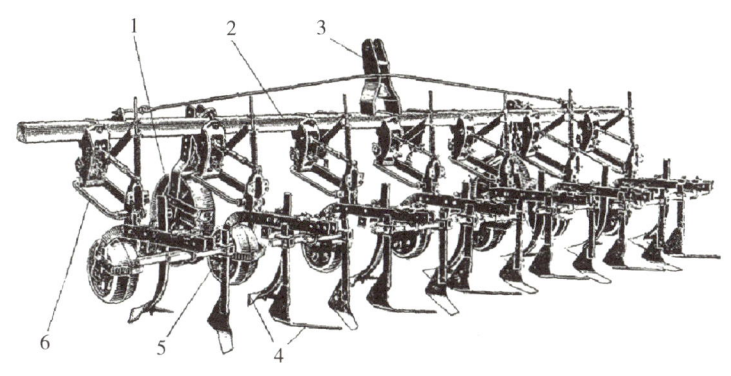

1. 行走轮 2. 主梁 3. 悬挂架 4. 工作部件 5. 仿形轮 6. 四杆仿形机构

图1-15　2BZ-6播种中耕通用机的中耕状态结构

旱地中耕作业有简单的手持式中耕除草器、畜力为动力的手扶式小型畜力中耕机和发动机为动力的中耕通用机。旱作中耕机一般由工作部件(可装配多种工作部件,分别满足作物苗期生长的不同要求,主要的类型有除草铲、通用铲、松土铲、培土铲和垄作铧子等)、仿形机构、机架、地轮、牵引或悬挂机构等组成,图1-15为2BZ-6播种中耕通用机的结构示意图。图1-16为几种中耕机械图片。

中耕开沟培土

中耕施肥

中耕松土

图1-16　几种中耕机械

（二）植保机械

植保机械的分类方法，一般按所用的动力可分为：人力（手动）植保机械、畜力植保机械、小动力植保机械、拖拉机配套植保机械、自走式植保机械、航空植保机械。其中人力驱动的施药机具一般称为喷雾器，喷粉器，机动的施药机具一般称为喷雾机，喷粉机。按照施用化学药剂的剂型和用途可分为：喷雾机、喷粉机、烟雾机、土壤处理机、种子处理机、撒颗粒机等。按运载或作业方式可分为手持式、肩挂式、背负式、手提式、担架式、手推车式、拖拉机牵引式、拖拉机悬挂式及自走式。按施液量多少，可分为常量喷雾，低容量喷雾，超低容量喷雾。按雾化方式，可分为液力式喷雾机，风送式喷雾机，热力式喷雾机，离心式喷雾机，静电喷雾机。

人力背负式施药器械通常采用手摇式、踏板式、背负式等方式操作；小型动力植保机械可分为担架式、自走式等类型；大中型动力植保机械主要采用拖拉机牵引式、悬挂式或自走式等承载方式，喷雾的方式主要有风送式、喷杆喷雾等形式；航空植保作业的飞行器主要包括有人驾驶的大型固定翼农用飞机、无人驾驶单旋翼直升飞机、多旋翼直升飞机等。

植物保护的方法主要分为农业技术防治法（利用相应的农业技术，通过作物品种选育、施肥化肥、改进栽培方法、实行合理轮作、改良土壤等手段消灭病虫害的方法）、生物防治法（利用生物的天敌消灭病虫害的方法。如瓢虫、赤眼蜂等）、物理和机械防治法（利用物理方法和相应的工具消灭病虫害的方法。如机械捕打、果实套袋、紫外线照射、超声波高频振荡、高速气流吸虫等）、化学防治法（利用化学药剂，通过专用设备灭病虫害的方法）。其中化学药剂施用的方法很多，主要有喷雾法（通过高压泵和喷头将药液雾化成 100~300μm 的雾滴，用手动或机动喷雾器喷施）、弥雾法（利用风机产生的高速气流将粗雾滴进一步破碎雾化成 70~100μm 的雾滴，并吹送到远方）、超低量法（利用高速旋转的齿盘将药液甩出，形成 15~75μm 的雾滴）、烟雾法（利用高温气流使预热后的烟剂发生热裂变，形成 1~50μm 的烟雾再随着高速气流吹送出来）和喷粉法（利用风机产生的调整气流将药粉喷洒到作物上）等。

1. 背负式手动喷雾器

背负式手动喷雾器为人力背负式手动植保机械，是用人工来操作完成喷施药液的过程，所以其结构简单、使用方便。工农-16型喷雾器是我国使用最广的一种手动液泵式喷雾器，主要由活塞泵、空气室、药液箱、进出水单向阀、胶管、喷杆、开关及喷头等组成，如图1-17。

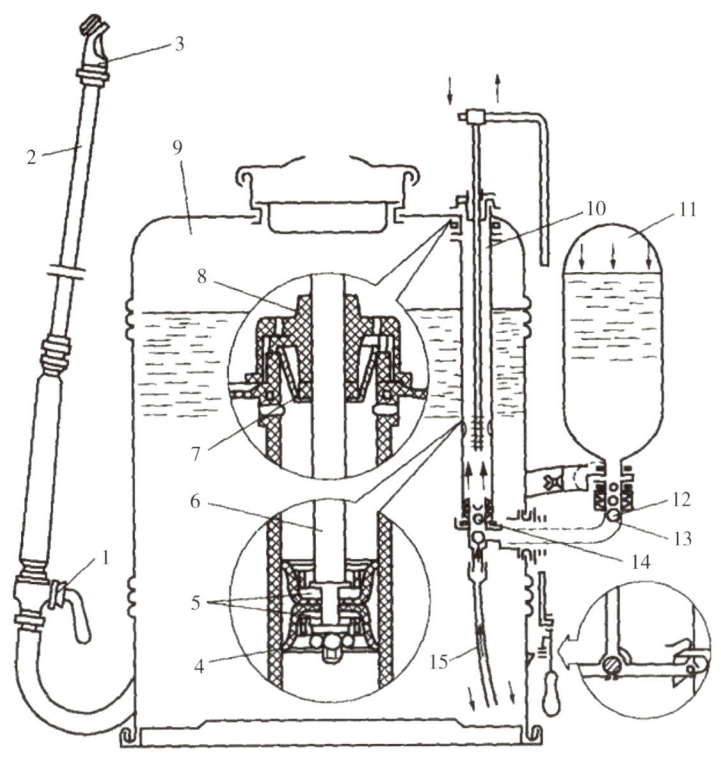

1.开关 2.喷杆 3.喷头 4.固定螺母 5.皮碗 6.活塞杆 7.毡圈 8.泵盖
9.药液箱 10.缸筒 11.空气室 12.出水单向阀 13.出水阀座 14.进水单向阀 15.吸水管

图1-17　手动背负式喷雾机

背负式手动喷雾器的工作原理是：操作人员摇动手压杆（手柄）时，连杆带动活塞杆和皮碗，在缸筒内上、下移动，当活塞杆带动皮碗从下端向上运动时，出水阀关闭，由于皮碗下与泵筒所组成的腔体容积的不断增大，致使形成局部真空，药液箱内的药液在大气压力作用下，经吸水滤网，使药液箱内的药液顶开进水阀涌入泵筒中。当手压杆继续控制活塞杆带动皮碗下行时，泵筒内的药液又开始被挤压，致使药液压力骤然增高，使进水阀又被关闭，出水阀被顶开，药液即进入空气室。空气室的空气被压缩，对药液产生最高可达800kPa的工作压力，药液液面受压后开始下降并向外压送，经与空气室相连的输液胶管、开关及喷杆最后由喷头喷出。

2. 背负式喷雾喷粉机

背负式喷雾喷粉机是一种多功能的机动植保机械，既能喷雾也能喷粉，具有轻便、灵活、效率高等特点。背负式机动喷雾喷粉机的主要部件有机架、汽油发动机、离心风机、油箱、药箱和喷管组件等部件组成（图1-18）

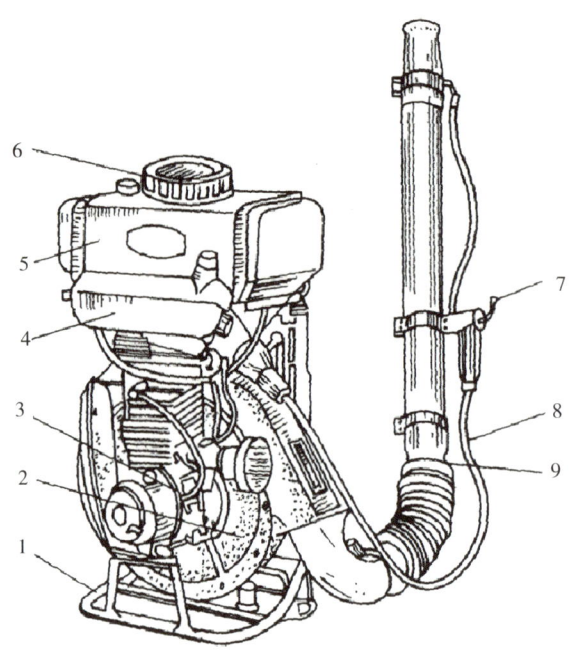

1. 机架 2. 离心式风机 3. 汽油机 4. 油箱 5. 药箱 6. 药箱盖 7. 药液开关 8. 药液管 9. 喷管组件

图1-18 背负式机动喷雾喷粉机结构

背负式喷雾喷粉机的工作原理：喷雾机进行喷雾作业时，离心机与汽油机输出轴直连，汽油机带动离心式风机叶轮旋转，产生高速气流，其中大部分高速气流经风机出口流往喷管组件，而少量气流经进风阀门、进气塞、进气软管、滤网，流进药液箱内，使药液箱中形成一定的气压，药液在压力的作用下，经药液管、药液开关流到喷管组件出口内的喷头，从喷嘴周围的小孔以一定的流量流出，先与喷嘴叶片相撞，初步雾化，在喷口中再受到高速气流的冲击，进一步雾化，弥散成细小雾粒，并随气流吹出喷管组件。图1-19为几种植保机械图片。

踏板式喷雾器

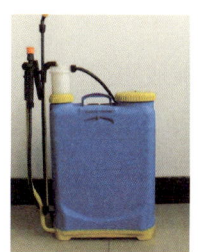
电动喷雾器

担架式喷雾机

车载远射程风送式喷雾机

喷杆式喷雾机

航空植保飞行器

图1-19 几种植保机械

四、收获机械

收获机械包括谷物收获机械（如割晒机、悬挂式联合谷物收获机等）、玉米收获机械（包括自走式玉米收获机、玉米收获专用割台等）、棉麻作物收获机械（如棉花收获机、麻类作物收获机等）、果实收获机（如葡萄收获机、番茄收获机等）、蔬菜收获机（如茎叶类蔬菜收获机、果类蔬菜收获机等）、花卉（茶叶）收获机械（如采茶机、啤酒花收获机等）、籽粒作物收获机械（如油菜籽收获机、阜籽收获机等）、根茎作物收获机械（如薯类收获机、花生收获机等）、饲料作物收获机械（如割草机、青饲料收获机等）和茎秆收集处理机械（如秸秆粉碎还田机、平茬机等）。

（一）谷物收获机械

按放铺方式不同，可分为收割机、割晒机和割捆机。

收割机：收割时将谷物茎秆切断，并在输送茎秆至机外的过程中，使茎秆头尾整齐与机器前进方向几乎呈垂直状态条铺在留茬地上，或呈间断性条堆在留茬地上。收割机目前推广使用比较多。

割晒机：收割时将谷物茎秆切断，并在输送茎秆至机外的过程中，使茎秆头尾交接顺机器前进方向条铺在留茬地上，适用于装有捡拾器的谷物联合收获机捡拾脱粒。割晒机的割幅较大，一般为4m或以上，可以和谷物联合收获机在两段联合收获法中配套使用。

割捆机：收割时将谷物茎秆切断，捆成小捆，抛在留茬地上。割捆机因为捆束机构复杂，故障较多，目前已极少使用。

按割台形式不同，可分为立式割台收割机和卧式割台收割机。

立式割台收割机：割台为立式，谷物被切断后，茎秆呈直立状态被输送装置送出机外铺放在留茬地上。

卧式割台收割机：割台为卧式，谷物被切断后，茎秆卧倒在割台上被输送装置送出机外铺放在留茬地上。

1．牵引式谷物联合收获机

（1）总体结构：以新疆-2.5（4LQ-2.5型）谷物联合收割机为例，它由收割台、倾斜输送器、脱粒部分、行走部分、操纵系统、动力输入传动装置和牵引底架等组成。以东方红-75或铁牛-55拖拉机为牵引动力，并由拖拉机动力输出轴供给动力进行工作。割幅2.5m，喂入量2.5~3kg/s，生产率0.67~1hm^2/h，以收小麦为主、亦可兼收水稻和大豆。它的机身较小，转移比较方便，既可用于较大地块的作业，亦可用于1.3~2hm^2等较小地块的作业。

（2）工作过程：机器收获时，在拨禾轮的扶持作用下谷物被切割器所切割，并在拨禾轮的推送作用下倒在收割台上，推运器将割下的谷物推集到收割台中部，经伸缩耙齿送入倾斜喂入器，并在两个喂入轮均匀输送下将谷物送入脱粒装置，经钉齿滚筒初步脱粒，再经纹杆滚筒脱粒，籽粒等脱出物（颖壳、碎茎秆等）通过两个滚筒的凹板筛孔落到抖动板上、长茎秆及其夹杂物被逐稿轮抛到逐稿器上。落到抖动板上的籽粒等脱出物，在移动过程中有一定的分离作用，然后进入清粮室。籽粒等脱出物在清粮室筛子和风机气流的配合作用下，籽粒穿过筛孔下落至籽粒推运器，经升运器入粮箱，而颖壳、碎茎秆等轻杂物则被排出机外；未脱净的穗头则通过下筛后段筛孔落入杂余推运器，被送至复脱器脱粒，复脱后由抛扔器抛至抖动板，再次进入清粮室。抛到逐稿器上的长茎秆及其夹杂物，在逐稿器的作用下，夹在其中的籽粒等小杂物通过键面筛孔，沿键底滑落至抖动板上，与穿过两个滚筒凹板筛孔的籽粒等脱出物，一起进入清粮室；长茎秆则被排出落到集草箱。当茎秆聚集到一定重量，集草箱便自动打开，茎秆即堆放在田间（图1-20）。

第一章 农业机械常识

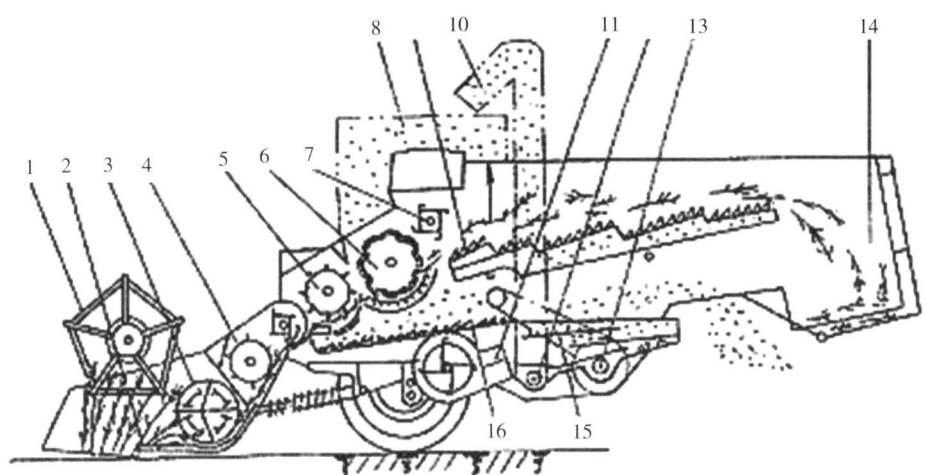

1.拨禾轮 2.切割器 3.收割台推运器 4.倾斜输送器 5.钉齿滚筒与凹板 6.纹杆滚筒与凹板 7.逐稿轮 8.粮箱 9.逐稿器 10.升运器 11.风机 12.籽粒推运器 13.杂余籽粒推运器复脱器与抛扔器 14.集草器 15.清粮筛箱 16.抖动板

图 1-20　新疆-2.5 谷物联合收获机的工作过程

2. 自走式谷物联合收获机

（1）总体结构及特点：以东风-5（ZKB-5型）谷物联合收获机为例，该机由收割台、倾斜输送器、脱粒部分、发动机、传动、行走部分、液压、电器装置、操纵驾驶系统和集草箱等组成。它以收小麦为主，兼收水稻、大豆、谷子等，并附有捡拾器等装置，既可进行联合收获，又可利用捡拾器进行分段联合收获。它的割幅为 4.1m，喂入量 5kg/s，生产率 1.3~2hm^2/h，各部分都由液压装置和电器信号控制，操作比较方便。

（2）工作过程：联合收获时，谷物在拨禾轮的扶持作用下被切割器切割，割下的谷物茎秆在拨禾轮的铺放作用下，倒在收割台上。收割台推运器将谷物茎秆集中到中间，由伸缩杆拨送到倾斜输送器，而进入脱粒装置。谷物在纹杆滚筒和凹板的作用下脱粒。大部分脱出物（籽粒、颖壳、碎茎秆）经凹板筛孔落到抖动板上，茎秆则经逐稿轮和键式逐稿器向集草箱抛送，同时将茎秆中夹杂的籽粒等小杂物分离出来，落到抖动板上。

位于抖动板上的脱出物在移动过程中有一定的分离作用，然后进入清粮室。脱出物在筛子和风机的作用下，将绝大部分颖壳、碎茎秆等送向集草箱。未脱净的穗头经尾筛落入杂余推运器，经升运器进入脱粒装置再行脱粒。穿过清粮室两层筛子的籽粒，落入籽粒推运器，经升运器送往粮箱（图 1-21）。

25

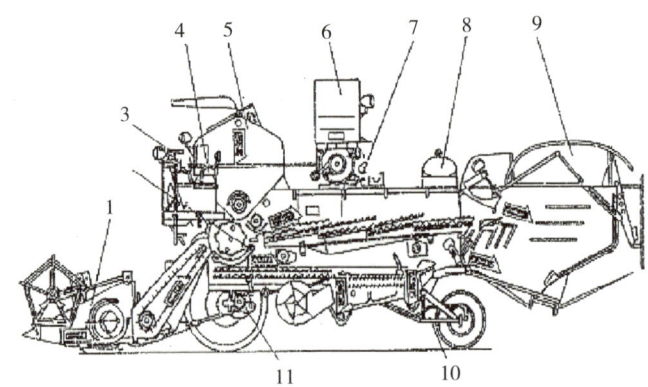

1.收割台 2.脱粒部分 3.液压系统 4.驾驶台 5.粮箱 6.发动机 7.电器系统 8.燃油箱 9.集草箱 10.传向轮桥 11.主动轮桥

图 1-21 东风-5 联合收获机的工作过程结构

分段联合收获时，因割晒机已把谷物茎秆割下条铺在留茬地上，此时应卸下拨禾轮和切割器等部件，在收割台装上捡拾器，用捡拾器将谷物茎秆捡拾起来，经倾斜输送器进入脱粒装置，以后的工作过程与前述联合收获相同。

（二）玉米联合收获机

玉米收获一般需要自茎秆上摘下果穗，收集后用拖车运回。果穗不易霉烂，经自然干燥或烘干，再进行脱粒，损失少。有的玉米收获机摘下果穗后，剥去苞叶，有的还要脱籽粒。玉米茎秆切断后可铺放于田间，以后再集堆；或将茎秆切碎撒开，待耕地时翻入土中；也有在收果穗的同时，将茎秆切断、装车、运回进行青贮。

1. 纵卧辊式玉米联合收获机

（1）总体结构：纵卧辊式玉米联合收获机以国产 4YW-2 型为例，它由分禾器、拨禾链、摘穗器、第一升运器、除茎器、剥皮装置、第二升运器、苞叶输送螺旋、籽粒回收螺旋和切碎器等组成（图 1-22）。其动力为东方红-75 拖拉机牵引，收两行，工作部件所需动力由拖拉机动力输出轴供给，一次完成摘穗、剥皮（剥果穗的苞叶）或茎秆切碎等项作业。摘穗方式为站杆摘穗，即摘穗时并未将玉米植株割倒，植株基部约有 1m 左右仍站立在田间。

（2）工作过程：机器顺垄前进，分禾器从根部将玉米茎秆扶正并引向拨禾链，链分三层单排配置，将茎秆扶持并引向摘穗器。摘穗辊为纵向倾斜配置，每行有一对，相对向里侧回转。两辊在回转中将茎秆引向摘辊间隙之中，并不断向

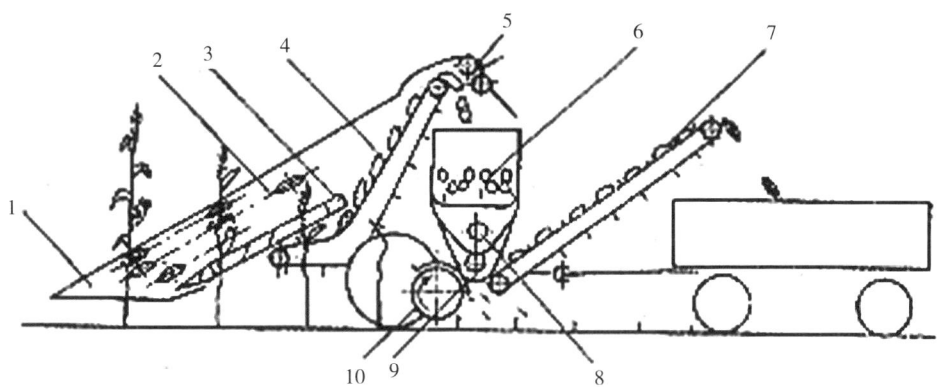

1.分禾器 2.拨禾链 3.摘穗辊 4.第一升运器 5.除茎器 6.剥皮装置 7.第二升运器 8.苞叶输送螺旋
9.籽粒回收螺旋 10.切碎器

图1-22 纵卧辊式玉米联合收获机结构

下方拉送，由于果穗直径较大通不过间隙而被摘落。摘掉的果穗由摘穗辊上方滑向第一升运器。果穗经升运器被运到上方并落入剥皮装置，若果穗中含有被拉断的茎秆，则由上方的除茎器排出。剥皮装置由倾斜配置的若干对剥皮辊和叶轮式压送器组成，每对剥皮辊相对向内侧回转，将果穗的苞叶撕开和咬住，从两辊间的缝隙中拉下，苞叶经苞叶输送螺旋推向机外一侧。苞叶中夹杂的少许已脱下的籽粒，在苞叶输送中从螺旋底壳（筛状）的孔漏下，经下方籽粒回收螺旋落入第二升运器，已剥去苞叶的果穗沿剥皮辊下滑入第二升运器与回收的籽粒一起被送到拖车。

经过摘穗辊辗压后的茎秆，其上部多已被撕碎或折断，基部约有1m左右仍站立在田间。在机器后方设有横置的甩刀式切碎器，将残存的茎秆切碎抛撒于田间。有的机器带有脱粒器和粮箱等附件。当玉米成熟度高而一致，籽粒含水量小时，可卸下剥皮装置和第二升运器换装脱粒器和粮箱，直接收获玉米籽粒。

2．立辊式玉米联合收获机

（1）总体结构：立辊式玉米联合收获机以国产4YL-2型为例，它由东方红-75拖拉机牵引，收两行，工作部件所需动力由拖拉机动力输出轴供给，一次完成割秆、摘穗、剥皮和茎秆放铺或切碎等作业。摘穗方式为割秆后摘穗。

它由分禾器、拨禾链、切割器（圆盘式）、喂入链、摘穗器、放铺台、第一升运器、剥皮装置、第二升运器、苞叶输送螺旋、籽粒回收螺旋和挡禾板等组成（图1-23）。

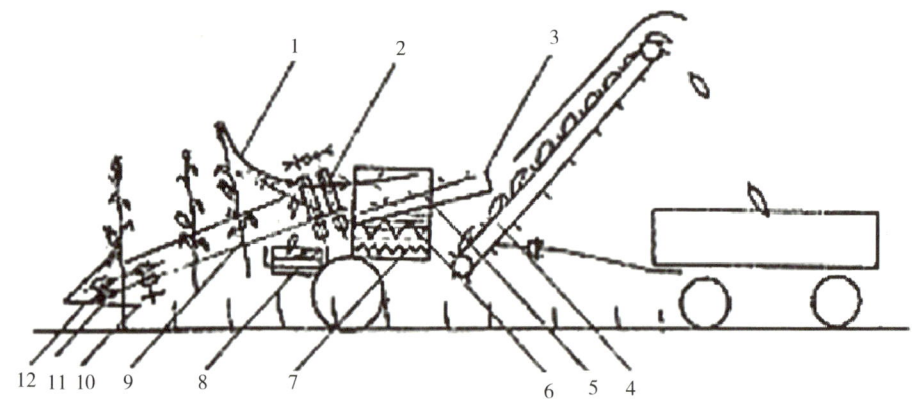

1.挡禾板 2.摘穗器 3.放铺台 4.第二升运器 5.剥皮装置 6.苞叶输送螺旋
7.籽粒回收螺旋 8.第一升运器 9.喂入链 10.圆盘切割器 11.分禾器 12.拨禾链

图1-23 立辊式玉米联合收获机结构

（2）工作过程：机器顺行前进，分禾器从根部将玉米秆扶正并引向拨禾链，拨禾链将茎秆推向切割器。当茎秆被割断后，在切割器和拨禾轮的配合作用下送向喂入链。喂入链将茎秆夹持向摘穗器输送过程中，茎秆在挡禾板作用下呈倾斜状态，根部被摘穗器抓取。摘穗器每行有两对辊为斜立式，前辊起摘穗作用，后辊起拉引茎秆的作用，在此过程中果穗被摘下，落入第一升运器并运送至剥皮装置，茎秆则落在放铺台上，经台上带拨齿的链条将茎秆间断地堆放在田间。

剥皮装置与前述机型相似，果穗在此剥去苞叶，苞叶经苞叶输送螺旋推向机外，苞叶中夹杂的少许已脱下的籽粒，在苞叶输送中从螺旋底壳漏下，经籽粒回收螺旋至第二升运器，已剥去苞叶的果穗沿剥皮装置的剥皮辊下落至第二升运器与回收的籽粒一起被送到拖车。

若需茎秆还田，可将放铺台拆下，换装切碎器，能把茎秆切碎并抛撒于田间。

（三）园捆捡拾压捆机

圆捆捡拾压捆机按草捆成型过程可分为内卷绕式和外卷绕式两种。按卷压室结构型式又可分为皮带式、卷辊式和带齿输送带式。

内卷绕式捡拾压捆机，其卷压室由几根长皮带和两侧壁围成。卷捆时卷压室容积由小变大，对牧草始终保持有压力。所以也叫可变容积捡拾压捆机。这种压捆机的特点是，牧草以卷毡方式形成草捆，芯部坚硬，外层松软。草捆直径可根据需要任意调整。

外卷绕式捡拾压捆机，卷压室由几组短皮带或若干钢制卷辊加上两侧壁所组成。卷压室尺寸固定不变，开始卷捆时对牧草没有压力，等到牧草充满卷压室后开始加压。所以也叫不变容积捡拾压捆机。其特点是草捆的压实从外到里逐渐进行，草芯疏松，外部紧实，草捆直径不能任意改变，较之内卷绕式压捆机草捆密度较高，结构比较简单，制出的草捆适于制作袋装青贮饲料。

我国目前主要应用的有外卷绕式捡拾压捆机，图1-24为圆捆捡拾压捆机。

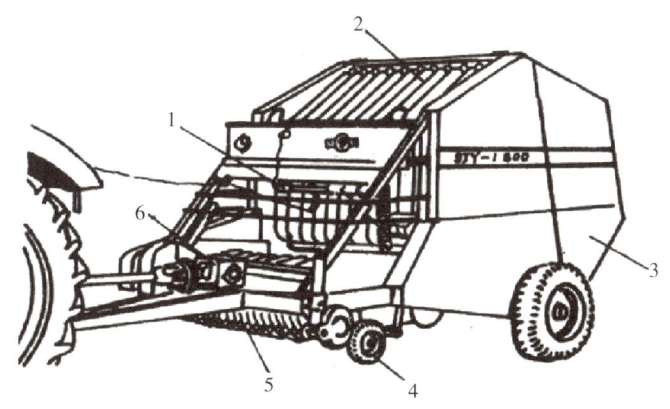

1. 打捆机构 2. 卷压室 3. 卸草后门 4. 支承轮 5. 捡拾器 6. 传动机械

图1-24　9JY-1800型园捆捡拾压捆机结构

（四）青饲料收获机

一般构造和工作过程

通用型青饲料收获机可用来收获各种青饲料和青贮料。有牵引式、悬挂式和自走式三种。它一般由三个附件和一个机身组成，机身可以和任一附件组合。

捡拾式割台（图1-25a）用来捡拾由集条式割草机形成的草条，用于低水分青贮等。这一附件包括捡拾器和两端向中央输送的搅龙。工作时草条被捡拾后由搅龙集向中央，再被喂入机身。捡拾器的结构和干草捡拾压捆机中的类似。

全幅式割台（图1-25b）用来收割细茎秆牧草或其它平播的饲料作物。这一附件包括往复式切割器、拨禾轮和两端向中央输送的搅龙。工作时作物由切割器收割后被拨禾轮向后拨动，由搅龙向中央集中，再被喂入机身。全幅割台工作幅多为1.5~2m，大型者可达3.3~4.2m。

对行式割台（图 1-25c）用来收割青玉米。行数分为 2、3、4 行和大型多行。这一附件由切割器和夹持机构组成。工作时青贮玉米由切割器切下后被夹持机构输入机身。

机身的主要工作部件是喂入装置和切碎抛送装置。机身和上述的任一附件组合，可将喂入的各种青饲料和青贮料切成碎段，然后抛送入挂在后面的拖车内。在机身上除了这些部件以外还有机架、行走轮和传动部分。自走式收获机上还安有发动机和操纵部分。

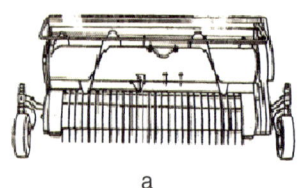 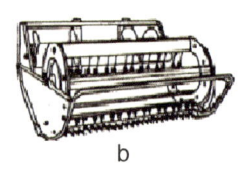 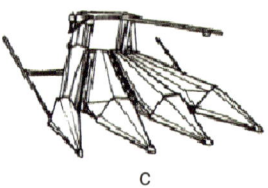

a. 捡拾式割台　b. 全幅式割台　c. 对行式割台

图 1-25　通用型青饲料收获机的三个构件

另有园盘式割台（图 1-26）也可实现全幅不对行收获作业。

现以配备对行式割台的青饲料收获机为例说明其工作过程。参见图 1-27。

图 1-26　园盘式割台

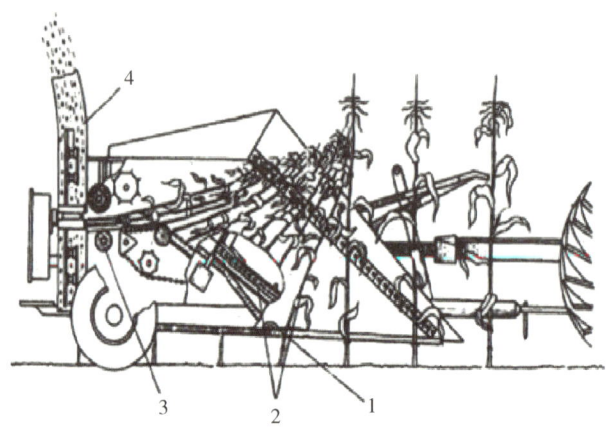

图 1-27　配备中耕作物割台的青饲料收获机工作过程

青玉米首先由切割器割断，同时被夹持机构夹住并向后输送。夹持机构是由前到后逐渐向中央和向上倾斜，因此玉米在向后输送时，数行玉米向中央集中和向上提升，且使根部向后而平卧，再被喂入装置压紧和卷入，由切碎器切成碎段抛向拖车。

五、收获后处理机械

收获后处理机械包括脱粒机械（如玉米脱料机、籽瓜取籽机等）、清选机械（如风筛清选机、复式清选机等）、干燥机械（如谷物烘干机、药材烘干机等）、种子加工机械（种子清选机、种子丸粒化机等）。

复式清选机

复式清选机可用于选种或清选一般谷物，它依据谷粒和混杂物的外形尺寸特性不同和空气动力学特性不同进行清选的。因此，复式清选机由筛子、选粮筒和风选部分组成。今以5XF-1.3A型复式清选机（图1-28）为例介绍如下。

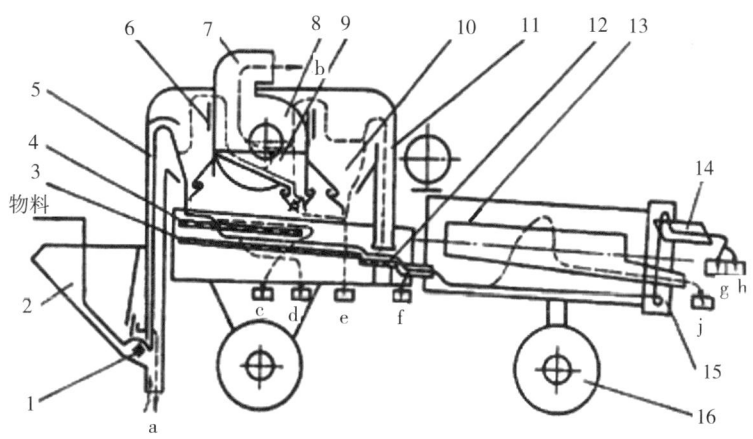

1.喂入橡胶辊 2.喂入斗 3.下筛 4.上筛 5.前吸风道 6.反射（调风）板 7.出风口 8.风机（扇） 9.前沉积室 10.中沉积室 11.后沉积室 12.后吸风道 13.窝眼筛 14.排料斗 15.选粮筒 16.轮子 a 重杂质 b 尘埃出口 c 小杂 d 大杂 e 小杂 f 种子辅助出口 g 长粒（饱满种子） h 瘪种子破碎种子和短轻杂质

图1-28 5XF-1.3A型复式清选机

结构组成

该机由喂入、风选、筛选、选粮筒、传动、机架和行走等部分组成。

（1）喂入部分：由喂入斗和八角橡皮辊等组成。喂入斗下部装有闸门，闸门的开闭靠手轮通过一四杆机构控制，以满足不同生产率的要求。八角橡胶辊工作时匀速回转，使由闸门流出的谷物能够均匀连续地进入前吸风道。

（2）风选部分：由前吸风道、前沉积室、风扇、中沉积室、后沉积室、后吸风道及调节机构等组成。

风扇为离心式，前吸风道下部靠喂入斗处开有长方形孔，其下端直接与大气相通，重杂质可直接落到地面。后吸风道入口位于后筛上方。前、后沉积室下方各安装一整体式铰连活门。工作时，沉积室内形成负压，活门自动关闭，气流便由吸风道吸入。沉积室内除有两个整体式铰连活门外，在其上方又安装一个机械式开闭活门，通过杠杆与刷架铰连，随刷架摆动，此活门亦交替地改变中沉积室两侧的真空度，从而使铰连活门交替开闭，将沉积物放出。在前、中和后、中沉积室间设有风量调节板，可用手柄操纵，以改变前、后吸风道的气流速度，满足精选不同谷粒的要求。通过前、后沉积室侧壁上的监视窗可以观察内部工作情况。

（3）筛选部分：包括筛箱、上筛、后筛、下筛、刷架和敲击锤等部件。筛箱由薄钢板制成，用4个橡胶减震器与机架呈柔性连接，靠偏心机构驱动。上筛片直接用压板固定在筛箱上面；下筛片先固定在木制筛框上，再从筛箱侧面长槽中装入，用压板固定。筛孔有圆孔和长方孔两种，其孔眼尺寸有不同的规格，可根据作物种类和品种的不同选用（表1-1）。

表1-1 筛片规格 （单位：mm）

长孔筛孔宽	1.7	2.0	2.2	2.4	2.5	3.3	3.5	4.5	5.0
圆孔筛孔径	6.0	6.5	7.0	7.2	7.5	8.5	8.8	10	

上筛的作用是筛除大于所选谷粒外形尺寸的杂质，下筛则筛除小于所选谷粒外形尺寸的碎粒、草籽及杂质等。后筛主要起承托谷粒作用，保证后吸风道的风选质量。

为防止筛孔堵塞，上筛的上面装有两个敲击锤。在下筛的下面装有毛刷，毛刷作往复运动，防止下筛筛孔堵塞。

筛箱后部有一块活动滑板，可分别装在出料口或选粮筒进口处，如将滑板盖住出料口，打开选粮筒进口，则谷粒由此进入选粮筒内部，否则直接由出料口排出机外。筛箱侧面有四个出料口，分别排出谷粒和各种杂物。

（4）选粮筒部分：选粮筒是按谷粒或杂物的长度进行清选的。它由窝眼筒、"V"形承种槽、排料槽、出口叶轮及前后挡板等组成。

窝眼选粮筒的内壁上布满直径等于5.6mm的窝眼，选粮筒尾部设有叶轮，用于排除筒选的谷粒。选粮筒前后端均装有挡板，以防谷粒外溢。筒内设有承种槽，承接窝眼孔带上来的短、小谷粒，承种槽在筒内的安装角度可以调节。

（5）传动部分：该机除选粮筒采用一对非正交锥齿轮传动外，其余传动装置都采用三角皮带。

六、农产品初加工机械

农产品初加工机械包括碾米机械（如谷糙分离机、组合碾米机等）、磨粉浆机械（如磨粉机、磨浆机等）、榨油机械（如螺旋榨油机、滤油机等）、果蔬加工机械（如水果分级机、蔬菜分级机等）、茶叶加工机械（如茶叶杀青机、茶叶理条机等）、剥壳（去皮）机械（如玉米剥皮机、青豆脱壳机等）。

农产品加工机械按作业环节包括输送机械与设备、清理、分级与脱壳机械、尺寸减小机械、沉降、过滤、压榨与膜分离设备、混合、均质机械、食品成型机械与设备、干燥机械与设备、浓缩设备、吸收、蒸馏与萃取设备、加热、杀菌设备、制冷设备、食品包装、灌装机械等。

（一）输送机械与设备

农产品初加工输送一般分为固体物料（块料、粒状和粉状）输送和液体物料输送。固体物料输送常采用带式输送机、螺旋输送机、斗式提升机、刮板输送机和气力输送装置等。液体物料（如果汁、果酱、牛奶等）一般是通过泵及管路输送。主要用离心泵、齿轮泵、螺旋泵及刮板泵等输送。

1. 带式输送机

带式输送机按功能分为水平输送和倾斜输送两种形式，按安装方式分为固定式和移动式。可以在水平方向和倾斜角度不大的方向上输送粉末状、粒状、块状物料及成型物品。其特点是运输量大、生产率高、动力消耗少、运料连续、工作平稳（图1-29）。

带式输送的一般由输送带、支承装置、驱动滚筒、传动装置及张紧装置等组成。

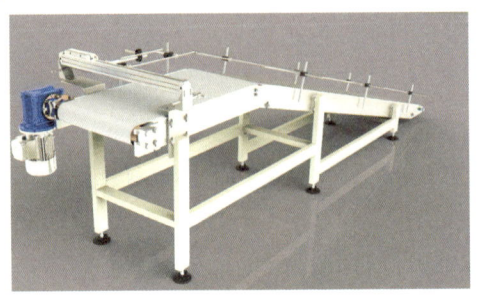
固定式

移动式

图 1-29 带式输送机

2. 螺旋输送机

螺旋输送机又称为"铰龙",按功能分为水平、倾斜、垂直输送三种形式(图1-30)。它是利用随轴旋转的螺旋叶片的推动作用不断输送物料的输送机。主要用于短距离的水平、倾斜、垂直输送,水平输送距离一般不超过30m。基特点是对物料的适应性较强,结构简单紧凑、机动性好,可以在机体任何一处装卸物料,有搅拌混合物料的作用,其密封性好,灰尘较少。缺点是叶片与机壳较易磨损,动力消耗大,对物料有破碎作用,不宜输送有机杂质含量高、表面过分粗糙、颗粒大及磨损性强的物料,对过载反应敏感,进料要求均匀。

输送机一般由槽体、转轴、螺旋叶片、轴承和传动装置等组成。

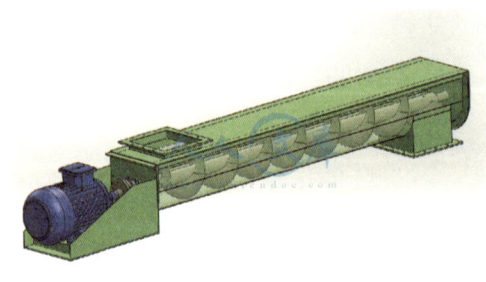
水平

倾斜

垂直

图 1-30 螺旋输送机

3. 刮板输送机

刮板输送机按分为水平、倾斜、水平倾斜组合三种形式,按固定方式分为固定式和移动式。一般由牵引构件(带或链)、刮板、料槽和两端的带轮(或链轮)

等组成。牵引构件带绕带轮运转，固定在牵引构件上的刮板，将物料沿料槽向前输送至出口处卸下（图 1-31）。

水平　　　　　　　　倾斜　　　　　　水平与倾斜相结合

图 1-31　刮板输送机

4. 斗式提升机

斗式提升机是用于垂直提升粉状、粒状、块状及液体物料的直立式输送设备。一般由料斗、牵引带、机壳、张紧装置、卸料装置等主要部件组成。按卸料方式分为重力式、离心式和混合式（图 1-32）。

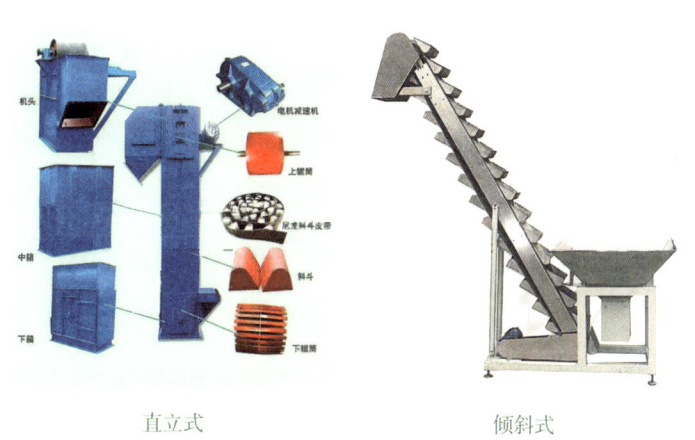

直立式　　　　　　　　　倾斜式

图 1-32　斗式提升机

5. 气力输送设备

用空气作动力输送粒状或粉状物料的输送设备。它具有结构简单、初次投资成本低、输送路线可随意组合、适用性广、输送过程中能使物料自然降温、密封性好、工艺过程易实现自动化等。其缺点是相对机械输送动力消耗大、噪声较大、弯管部分易磨损、对物料的粒度、黏度、含水率等有一定的要求。气力输送设备按输送管道内物料的浓度大小分为浓相输送和稀相输送。前者采用较高的压力和物料浓度进行输送,后者采用较高的气流速度和较低的固气比,输送距离可达数百米(图1-33)。

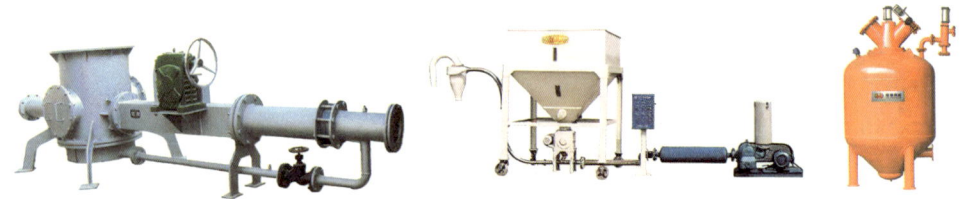

图1-33 气力输送装置

6. 液体物料输送设备

液体物料输送设备按照工作原理分为离心泵、重复泵、齿轮泵、螺杆泵、旋转泵与旋涡泵等。

离心泵可连续输送液体,工作时由电机带动,在启动前需向泵壳内灌满被输送的液体,启动后,泵轴带动叶轮和液体一起旋转,在离心力的作用下,使叶轮上液体静压和动压提高,通过管路克服大气压后完成输送功能。

齿轮泵适用于输送不含固体颗粒的各种液体(如油类、糖类等),按齿轮啮合方式可分为外啮合和内啮合两大类。工作时相啮合的齿将啮合部位分隔成吸入腔和排出腔,当一对齿轮旋转时,位于吸入腔的齿逐渐退出啮合,使吸入腔的窖逐渐增大,压力降低,液体沿吸入管吸进入吸入腔,直到充满整个齿间。随着齿轮的转动,进入齿间的被带至排出腔,此时由于下一齿的跟进啮入,占据了齿间容积,使排出腔的容积变小,液体即被强行排出。

螺杆泵多采用卧式单螺杆泵用来输送高黏稠液体及带有固体物料的浆液(如番茄酱等)。工作时利用装在橡皮套内旋转的螺杆,由螺杆与橡皮套形成一个不断改变大小的空间,通过挤压作用使料液吸入并向另一端压出。

(二)清洗、分级与脱壳机械

1. 清洗机械

清洗机械分原料清洗用(如洗水果机)、包装容器清洗用(如空瓶清洗机)和器皿清洗用(如器皿清洗机)等。常用的清洗液有常温水、热水、蒸汽和药剂溶液等。常温水的优点是不损伤原料热水的温度也以不损伤原料的品质为宜,但高温有杀菌、杀青作用;蒸汽可以去除黏性污物,如制糖水用的离心分离机,段用蒸汽清洗去掉表面不纯物及糖蜜；药剂溶液常用于除去原料残留农药。

（1）原料清洗机械：常见的原料清洗机械有滚筒式清洗机、螺旋式清洗机、带式清洗机和组合式清洗机等。

滚筒式清洗机：栅条滚筒式清洗机的滚筒分前后两段，前段为粗洗滚筒，后段为清洗滚筒。滚筒下半部浸在水槽里，两水槽的槽底为半锥形，侧端有排污口。工作时，滚筒在水槽内转动，从喂料斗送入的物料与栅条及物料之间的摩擦，将物料表面的污物去掉。在两段滚筒的出口端均装有铲勺，舀出洗过的物料。

（2）包装容器清洗机械：常见的包装容器清洗机械有刷式洗瓶机、全自动洗瓶机、空罐清洗机等（图 1-34）。

清洗机

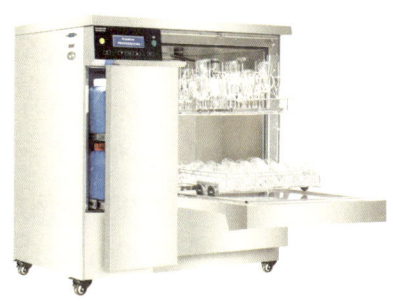
洗瓶机

图 1-34 清洗机械

2.清理与分级机械

清理机械主要用于谷物坚果。清理是指清除物料中的异物及杂质，分级是指对清理后的物料按其尺寸、形状、密度、色泽或品质等特性分成不同的等级。按照物料及杂质物理性质和不同，清理作业采用的原理和方法有：依物料空气动力特性的不同采用气流清选法，依物料尺寸的不同采用筛选法，依物料形状的不同采用精选法，依物料的质量的不同采用重力分选法，依物料磁性的不同采用磁选法，依物料的强度不同采用撞击法，依物料的色泽不同采用光电分离法

（1）气流清选：根据物料的空气动力特性的不同，利用其与空气产生相对运动时受到空气的作用力不同，以致它们在外力（包括空气作用力、重力及浮力）作用下表现出不同的运动状态而进行的清选。

（2）筛选机械：根据物料粒度不同，利用一层或数层静止或运动的筛面对物

料进行分选的机械。常见的筛分机械有回转平面筛、振动筛、高速振动筛、曲筛（弧形筛）等。

（3）重力分选机械：重力分选分干法重力分选及湿法重力分选。常见的有比重去石机、重力分选机、去石洗麦甩干机等。

（4）精选机：精选对其他方法只是相对而言，一般是在筛选之后进行的较为精确的分选。按颗粒长度不同分选常采用窝眼筒精选机及蝶片精选机，按形状不同分选常采用螺旋精选器。常见的精选机有窝眼精选机、蝶片精选机、螺旋精选器等。

（5）磁选机：农产品加工前必须经过严格的磁选，除去金属杂物，以保护加工机械和人身安全。磁选择设备的主要工作部件是磁体，每个磁体都有两个磁极，其周围存在磁场，磁场要有足够的磁场强度。磁体分永久磁体和电磁体，粮食清理多采用永久磁体。磁选设备分为永磁溜管和永磁滚筒。

（6）擦麦机：利用机械的打击作用来清理粮粒表面的污物及土块等杂质的方法叫撞击清理法。常见的打麦机、擦皮机、撞击机、刷麦机等，主要由打板、工作圆筒、吸风装置和传动部分等组成。

（7）色选机：以花生米为例，在加工成食品之前，需要先去掉表皮（红衣），经过去皮处理的花生米尚有部分未能去皮，采用花生色选机可将其分选出来。其原理是采用光电效应的原理按物料表面的颜色的不同进行分选，光电色选还可用于大米、大豆、枣子、核桃仁、水量等的分选。

3. 分选分级机械

（1）尺寸分级机：按尺寸进行分级的设备主要有滚筒式分级机、辊轴分级机、回转带分级机、光电分选机等。

（2）重量式分级机：重量式分级机可根据水果、蔬菜、家禽、蛋料等的重量不同进行分级，有秤重式和弹簧式两大类。

（3）光学分级机：主要分为按表面颜色分选和按内部质量分选两种类型。

4. 剥壳机械

带壳、带皮的谷物、坚果、油料、果蔬在进行加工时首先要剥壳去皮，否则会影响后续加工或产品的品质和生产率。对去皮的要求是去皮率要高，对果肉的损伤要小。

剥壳的方法：谷物、坚果、油料等根据其皮壳特性、颗粒形状、大小以及壳仁之间附着情况的不同，分别采用碾搓法、撞击法、剪切法及挤压法等。

常见的剥壳机有胶辊砻谷机、离心式剥壳机、圆盘剥壳机、刀板式剥壳机等。

5. 果蔬去皮机械

果蔬去外皮常用的方法有机械法去皮、蒸汽法去皮和碱液法去皮三种。常见的去皮机械有离心擦皮机、干法去皮机、碱液去皮机等。

(三) 尺寸减小机械

农产品加工中尺寸减小的方法主要有切割、粉碎、研磨和挤压破碎,对应的机械主要有切割机械、冲击式粉碎机、研磨机械、压碎机和气流粉碎机等。

1. 切割机械

通过对物料进行剪切、锯切或劈裂等作用,使物料变为更小的片、条、丁、丝、泥(糜)等形态的加工机械。主要有纤维类物料切割机械(如盘刀式切碎机、滚刀式切碎机等)和块状类物料切割机械(双排圆盘式切碎机、斩拌机、水平盘刀式切碎机、圆锥滚刀式切碎机、通用型离心式切碎机、切丁机、绞肉机、蘑菇定向切片机、鱼鳞孔刀式水果破碎机、齿刀式水果破碎机、锤式水果破碎机、水果磨碎机)等。

2. 粉碎机械

根据原料粉碎后的直径不同,粉碎机可分为普通粉碎机(如切向进料锤片式粉碎机、轴向进料锤片式粉碎机、径向进料锤片式粉碎机、立式锤片粉碎机、齿瓜式粉碎机、针磨又称为冲击磨或撞击磨等)、微粉碎机(如涡轮式微粉碎机、立式无筛式微粉碎机等)和超微粉碎机(如卧式超微粉碎机、超音速喷射式粉碎机、立式环形喷射式粉碎机等)三大类。

3. 磨碎机械

常用的磨碎机械有片磨(如钢磨俗称小钢磨、金刚砂磨又称砂轮磨、石磨、陶瓷磨又称骨糊机等)、锥形磨粉机、对辊式磨粉机(如小型对辊式磨粉机、大中型对辊式磨粉机等)、磨介式粉碎机(如滚筒式球或棒磨机、振动式球或棒磨机、搅拌磨等)。

4. 挤压破碎机

常见的挤压破碎机有轧碎机(如对辊式轧碎机)、碾碎机(如碾辊盘磨机)、压碎机(如葡萄破碎除梗机)等。

（四）沉降、过滤、压榨与膜分离设备

1. 重力沉降设备

常见的有悬浮液的重力沉降设备（如间歇式沉降器、半连续式沉降器、连续式沉降器）、气溶胶的重力沉降设备（如立式沉降室、卧式沉降室）。

2. 过滤设备

常见的有板框压滤机、旋转真空过滤机、袋子滤器等。

3. 离心分离机械

常见的有过滤式离心机（如三足间歇式离心机、上悬间歇式离心机、卧式刮刀卸料间歇式离心机、活塞脉冲卸料连续式离心机、离心力自卸料连续式离心机）、沉降式离心机（如卧式刮刀卸料沉降离心机、螺旋卸料沉降式离心机）、分离式离心机（（如管式离心机、碟式离心机）、旋风分离器等。

4. 压榨设备

按操作方式分为间歇式（如水压式或板式压榨机）和连续式（如辊式压榨机、螺旋式压榨机、带式压榨机、卧式滚筒压榨机）。

5. 膜分离器

膜分离是利用天然或人工合成的具有选择透过能力的薄膜，以压力差或化学势差为推动力，对双组分或多组分体系进行分离、提纯或富集的单元操作。

膜分离器主要有板框式组件、圆管式组件、螺旋卷式组件和中空纤维组件四种类型。系统中最核心部分是膜分离装置，其他辅助装置有泵、阀门、管路、过滤器和仪表等。

（五）混合、均质机械

1. 粉料混合机

粉料混合机按其工作方式可以分为分批式和连续式两种，按工作原理分为回转容器式（如螺旋环带混合机、立式混合机、立式行星式混合机）和固定容器式（如水平面回转筒式混合机、斜Z回转筒式混合机、"V"形混合机、对锥式混合机）。

2. 液体搅拌机

混浊液、乳浊液、悬浮液和黏稠液等中等黏度和高浓度的物料（如果汁、牛乳、油水混合物、果酱、人造奶油、蜂蜜和稀饮料等（液体—液体与液体—固体组分间的混合，称为液体搅拌。相应的机械设备称为液体搅拌机。

液体搅拌机分为机械式液体搅拌机（如桨叶式搅拌机、涡轮式搅拌机、旋浆

式抄搅拌机、可搬式搅拌机、立式搅拌机)、喷流式搅拌机、喷气式搅拌机、真空搅拌机、其它类型液体搅拌机等。

3. 均质机

均质是液态物料混合操作的一种特殊方式,兼有粉碎和混合两种作用。按工作原理和构造分为机械式(如立式胶体磨、卧式胶体磨、高压均质机)、喷射式、离心式和超声波式以及搅拌乳化机。

4. 捏合机

捏合机用于一般粉体混合机和液体搅拌机不能加工的高黏度浆体或塑性固体的捏合,如面团和蜂蜜等。常见的有分批式捏合机(如双臂捏合机、波尼式捏合机、行星式捏合机)、连续式捏合机(如可氏捏合机、齿轮式混合机、复塔多尔式捏合机等)。

(六)食品成型机械与设备

主要包括包馅机械(如回转式、灌肠式、注入式、剪切式和折叠式包馅机、灌汤式和辊切式饺子机)、挤压式成型机械(通心粉机、单或双螺杆食品膨化机、窝眼辊式压粒机、齿轮啮合压粒机、螺旋式压粒机、滚轮式或压辊式压粒机)、卷微成型机、辊压切割成型机械、冲印和辊印成型机(如饼干冲印成型机、饼干辊印成型机、饼干滚切成型机)、搓圆成型机(如面包搓圆机、元宵成型机)。

(七)干燥机械与设备

干燥是除去农产品和食品物料中的水分,使其含水率降至规定程度的操作。干燥的功能是防止霉烂变质、延长贮存时间、减少体积和重量,便于运输、扩大供应范围,还可制成风味和形状各异的产品。干燥的方法有自然干燥和人工干燥两大类。

常见的有热风干燥设备(如用于成件产品的固定式干燥器、移动式干燥器,用于粉粒体物料的重力下落式干燥器、机械搅拌式干燥器、流化床干燥器、气流干燥器,用于块状物料的流化床干燥器、喷吹式流化床干燥器、振动流化床干燥器、振动喷吹式流化床干燥器,用于液态原料的喷雾干燥设备、流化床干燥设备、泡沫层干燥设备、滚筒干燥设备)、固定床干燥设备(床式干燥机、箱式干燥机、低温通风干燥仓)、移动床干燥机(顺流型隧道式干燥机、逆流型隧道式干燥机、混流型隧道式干燥机、立式移动床干燥机、单层、多层、多级带式干燥机)、机械搅拌式干燥机(盘式干燥机、转筒式干燥机、螺旋振动干燥机)、流化床干燥机(立式、单层、多层、多室卧式流化床干燥机、卧式多室型流化床干燥机、振动流化床干燥机、惰性粒子流化床干燥机、喷动床干燥机)、气流干燥机(直管气流干燥机、旋风气流干燥器、闪蒸气流干燥机、脉冲气流干燥器)、喷雾干燥机(将液态物料采用机械作用分散成很细的雾状微粒,与热空气接触后瞬间除去水分,物料由液态干燥成固态粉末状)、滚筒式干燥机(如单滚筒式、双滚筒式、常压式与真空式、顶槽式与喷雾式)、真空干燥机(箱式、真空盘式连续干燥机、真空耙式干燥机、双锥回转真空干燥机、微波真空干燥机、低温带式连续真空干燥机)、冷冻干燥设备(间歇式冷冻干燥机、连续式冷冻干燥机)。

(八)浓缩设备

蒸发浓缩设备按操作方式分为常压浓缩、真空浓缩和闪蒸三种类型。冷冻浓缩设备根据冷冻方式不同分为直接冷却真空冷冻浓缩器、内冷式冷冻浓缩器和外冷式冷冻浓缩器。

(九)吸收、蒸馏与萃取设备

农副产品加工理论基础是三大传递原理:动量传递、热量传递和质量传递。后者有吸收、吸附、蒸馏、萃取、膜分离等。

在两相接触过程中,气体中的组分溶解于液体或附着在固体表面的传质操作称为吸收。在吸收过程中,气体溶质与液体溶剂不发生明显的化学反应,则为物理吸收。

在两相接触过程中,如发生气体与液体或固体组分分离,则称为解吸。解吸是吸收的逆过程。

1. 吸收设备

吸收常见的工作介质为液体,有些吸收操作采用固体吸附。液体吸收常用的吸收装置有填料塔、板式塔、湍流塔、喷洒塔和文丘里吸收器等。

2. 萃取机械与设备

用萃取溶剂使混合物中各组分的部分或全部分离的过程称为萃取。萃取的溶剂通常为液体,根据混合物的形态不同,萃取分别为固–液萃取(也称为浸出、提取、浸提或浸沥)和液–液萃取。萃取设备又称为萃取器,有分级接触和微分接触两大类。

(1)液–液萃取设备:常见的有混合澄清萃取设备、塔式萃取设备、离心萃取机。

(2)固–液萃取设备:常见的有单级浸提罐、多级固定床浸提器、连续移动床浸提器。

(3)超临界萃取设备：超临界萃取有三种流程：控温萃取、控压萃取和吸附萃取。

3. 蒸馏设备

蒸馏是根据液体成分的挥发度不同，将混合液加热至沸腾，使液体不断汽化，产生的蒸汽经冷凝后作为顶部产物的一种分离、提纯操作。

蒸馏方法有简单蒸馏、平衡蒸馏和精馏。分子蒸馏亦称短程蒸馏，是一种特殊的液-液分离技术，它不同于传统蒸馏依靠沸点差分离原理，而是利用不同物质分子运动平均自由程的差别实现分离。分子蒸馏设备主要有降膜式分子蒸馏器、刮膜式分子蒸馏器和离心式分子蒸馏器。

（十）加热、杀菌设备

加热设备分燃烧加热设备（如燃煤锅炉、热风炉等固体燃料燃烧设备、燃油炉和燃气炉）、电加热设备（如电阻加热、感应加热、红外或微波加热和射频加热等）、太阳能加热器（如平板型集热器、真空管集热器和聚焦集热器等，太阳能低温利用即小于200℃的太阳能热水器、太阳能干燥器、太阳能蒸馏器、太阳房、太阳能温室、太阳能空调制冷系统，太阳能中温利用即或0~800℃的太阳灶、太阳能热发电聚光集热装置等，太阳能高温利用即大于800℃如高温太阳炉等）。

换热器有间壁式换热器、混合式换热器、蓄热式换热器三种。

杀菌设备有立式杀菌锅、卧式杀菌锅、回转式杀菌机、连续式杀菌设备（喷淋式、链带式常压、高压、液态食品）和冷杀菌设备（超高压、辐射、高压脉冲电场或PEF、脉冲磁场、超声波、臭氧、脉冲光等）。

（十一）制冷设备

包括制冰、冷藏、冷藏运输、速冻、冻藏等设备。

（十二）食品包装、灌装机械

1. 包装机械

包装机械广义地说分两大类，一是用于加工包装材料或容器和装潢印刷的机械设备，二是用于完成包装过程的机械。狭义的包装机械仅限于完成包装过程的机械设备。主要有：充填机、封口机、裹包机、多功能包装机等。

包装机械按用途分为固体物料计量充填机（如容积式定量设备、计数式定量设备、重量式定量设备）、袋装机械（分为立式、卧式装袋机）、裹包机械（折叠式裹包、扭结式裹包、缠绕包装机）、热收缩包装机（小型号自动收缩、中型四周封口式、大型收缩膜包装机）、真空包装机械（真空封罐机、塑料袋真空包装机）。

2. 灌装机械

液体灌装机械按容器的运动路线分为旋转式灌装、直线移动式灌装；按灌装压力分为常压灌装、压力灌装、负压灌装；按阀门结构分为旋塞式、阀门式；按包装容器分为玻璃瓶灌装机、聚酯瓶灌装机、金属二片易拉罐灌装机、复合纸包装灌装机；按包装容器的封口形式分为马口铁冲压成型的皇冠盖瓶盖封口包装、塑料盖压封、铝质扭断盖压纹封口、二重卷边封口、六（四）旋盖旋封、锡箔热封、压塞－塑料盖拧封、锡箔热封－塑料盖拧封。

灌装机有上盖机、贴标机、喷码机等。

七、农用搬运机械

农用搬运机械包括运输机械（如农用挂车、田间运输机等）和装卸机械（如码垛机、农用叉车等）。

农用挂车

农用拖车是由拖拉机牵引运输物料的农用车辆，是中国农村的机械化运输方式之一。小型轮式或手扶拖拉机牵引小型挂车在农村进行短途或田间运输，适应小规模农业经营的需要。由大、中型轮式拖拉机牵引挂车在乡、镇和农村公路上运输，可充分发挥拖拉机的作用。

农用挂车有多种型式。按用途可分为通用型挂车和专用挂车两类：专用挂车是运输一定种类的农业物资或物料，一般兼有卸、撒或装载功能，常用的有运粮车、厩肥撒布车、液肥罐车、甘蔗运输车、牧草运输车及青饲料运输车、禽畜运输车、农机具运输车等。按结构可分为全挂车、半挂车、能自动倾卸物料的自卸挂车和非自卸挂车等（图1-35）。

青饲料运输车

侧卸挂车

手扶挂车

码垛机

农用叉车

液肥罐车

图 1-35　几种农用搬动机械

八、排灌机械

排灌机械包括水泵（如离心泵、泥浆泵等）、喷灌机械设备（如喷灌机、灌溉机等）。

（一）地面灌溉

地面灌溉是指水从地面进入田间，并借助重力和毛细管作用浸润土壤的灌水方式。按其湿润土壤的方式分畦灌、沟灌和淹灌。地面灌溉是一种古老的灌溉技术，存在着如灌水不均匀，水容易发生渗漏，跑水，需劳力多等，劳动强度大，灌水时间长，水的利用率低等缺点。

（二）喷灌

喷灌是一种先进的灌溉技术，是通过机械设备将压力水喷射到低空，形成水滴状态，均匀降落到作物和地表的一种灌溉方式。

喷灌系统是把喷灌水源、喷灌设备和田间工程联系起来，将灌溉水均匀地喷洒到田间，满足农作物生长对水分的要求这样一种水利设施。

一个完整的喷灌系统应包括喷灌水源供水工程、喷灌机械设备（喷灌机具）和田间输配水工程，喷灌系统的水源可以是河流、渠道、库塘、井泉等，它们应当满足喷灌系统对水量和水质方面的要求；喷灌机械设备又叫喷灌机具，是进行喷灌的主要手段，包括水泵、动力机、输水管路及喷头等；喷灌系统的田间工程，包括输水渠道、渠系建筑物和土地平整工作，应规整并符合规划设计的要求。图 1-36 为半固定式喷灌机组。

1. 定喷机组式喷灌系统

定喷机组式喷灌系统是指喷灌机组在一个固定位置进行喷洒达到灌水要求后再移动到下一个位置进行喷洒，直到完成灌溉计划面积。喷灌机组在田间布设一定规格的输水明渠或暗管，并每隔一定距离设置抽水坑（或抽水井）。喷灌机组

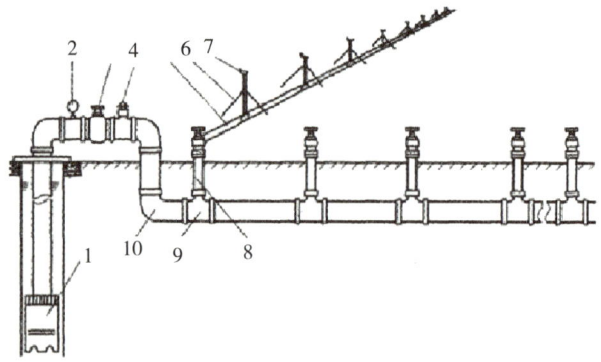

1.水泵 2.压力表 3.闸阀 4.放气阀 5.移动水管 6.支架 7.喷头 8.出地管 9.三通管接头 10.主水管

图 1-36　半固定式喷灌机组

沿渠道或暗管移动,在每预定的抽水点(即抽水坑)处作定点喷洒。如图 1-37 是在我国使用较早,技术较成熟的手推式喷灌机。

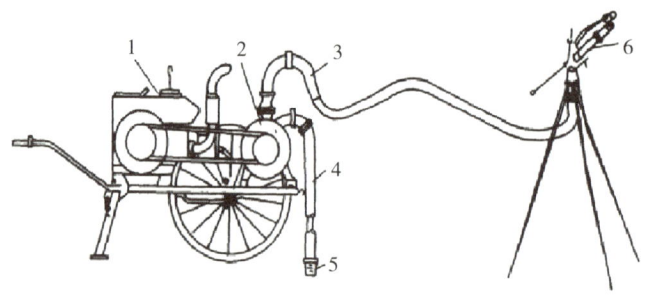

1.柴油机 2.水泵 3.出水管 4.进水管 5.底阀 6.喷头

图 1-37　手推管引式喷灌机结构

2.行喷机组式喷灌系统

行喷机组式喷灌系统在喷灌过程中边喷洒边移动,这类喷灌机均具有一定长度的喷灌支管,支管能移动或转动,支管上的喷头在移动或转动过程中不断改变喷洒位置。由于机组连续喷洒,所以受风的影响较小。如图 1-38,是一种电力驱动中心支轴式全自动喷灌机组。

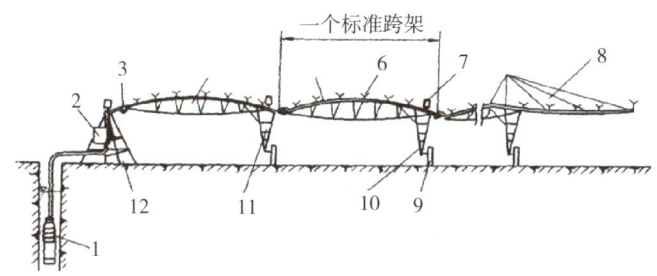

1. 泵（或压力管道供水）2. 中心主控制箱 3. 柔性接头 4. 腹架 5. 喷灌支架 6. 喷头
7. 塔车控制箱 8. 末端悬臂 9. 行走轮 10. 塔车驱动电机 11. 塔车 12. 中心支轴座

图 1-38　中心支轴喷灌机结构

3. 微灌系统

按组成微灌系统灌水器的不同，可分为滴灌、微喷灌、小管涌泉灌和渗灌四类。微灌系统包括水源、首部控制枢纽、输配水管网和灌水器等部分组成。水源应符合要求，河流、沟渠、湖泊、水库、机井等都可以做为水源。首部控制枢纽包括动力机和水泵、过滤设备、肥料和化学药剂注入设备、控制和测量装置等，用来把水源的水加压并过滤后，将符合要求的水肥送入系统中。输配水管网包括干管、支管、毛管及必要的调节设备，其作用是将首部枢纽处理过的水按要求输送分配到各个灌水单元和灌水器。灌水器是又叫配水器，是微灌设备中最关键的工作部件。

（1）滴灌：通过滴头、滴灌带（滴头与毛管做成一体具有配水和滴水功能的管）将水以水滴的形式均匀缓慢地滴入作物根部附近的土壤中，作物根部经常保持较好的水肥状况。图 1-39 为滴灌系统。

（2）微喷灌：将微喷头安装在毛管上，压力水以喷洒的形式湿润土壤。微喷灌是目前使用较多的一种微灌方法，兼有喷灌和微灌的优点。

（3）小管涌泉灌：在毛管上安装更细的小管（常用直径为 4mm），以小股水流的形式从出口涌出，流入作物根部，其所需工作压力较低，堵塞的可能性较小。

（4）渗灌：将滴灌的毛管和滴头埋在地表下 20~30cm 的土壤中，以减少蒸发，且设备不易损坏，有利于田间作业。

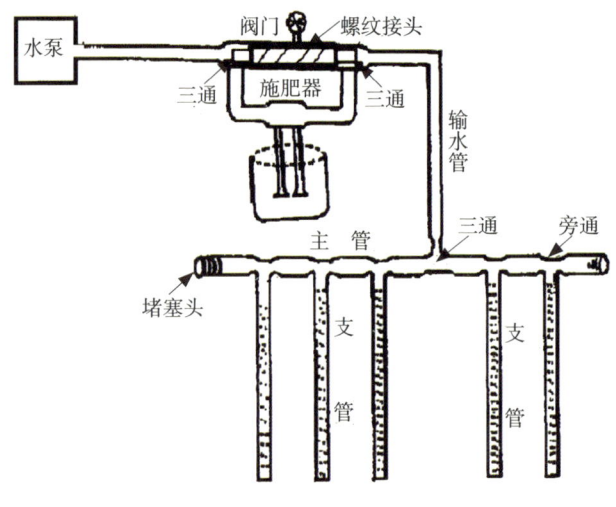

图 1-39 滴灌系统

九、畜牧机械

畜牧机械包括饲料（草）加工机械设备（如饲料混合机、饲料膨化机等）、饲养机械（如孵化机、粪污水处理设备等）、畜产品采集加工机械设备（如挤奶机、剪羊毛机等）。

（一）锤片式粉碎机

锤片式粉碎机是利用高速旋转的锤片来击碎饲料的机器。它具有通用性广、对饲料的湿度敏感性小、调节粉碎度方便、粉碎质量好、使用维修方便、生产率高等优点，但它消耗的动力较大。

锤片式粉碎机结构见图 1-40。它一般由喂料斗、机体、转子、齿板、筛片、风机和集料筒等构成。

工作时，饲料从喂料斗进入粉碎室，首先受到高速旋转的锤片打击而飞向齿板，然后与齿板撞击而被弹回，再次受到锤片的打击和齿板的撞击，如此不断反复，使饲料被碎成小碎粒，由筛孔漏出，留在筛面上的较大颗粒，再次受到锤片打击和在锤片与筛片之间受摩擦，直至从筛孔中漏出。从筛孔漏出的粉粒饲料由风机吸出并送入集料筒。带饲料粉粒的气流在集料筒内高速旋转，饲料粉粒受离心力的作用被抛向筒的四周，速度降低而逐渐沉积到筒底，通过排料口流入袋内，气流从顶部的排风管排出，并通过回料管使气流中极细小的饲料灰粉回入粉碎机，也可在排风管上接聚粉袋，收集饲料灰粉。

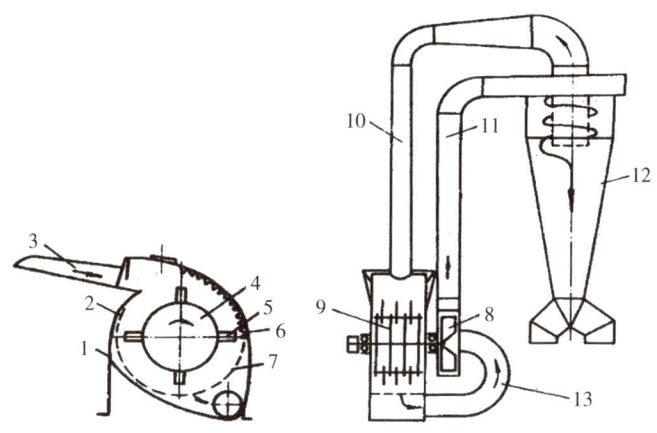

1.下机体 2.上机体 3.喂料口 4.转子 5.锤片 6.齿板 7.筛片 8.风机 9.锤架板 10.回料管 11.出料管 12.集料筒 13.吸料管

图1-40 切向进料的锤片式粉碎机

（二）爪式粉碎机

爪式粉碎机利用固定在转子上的齿爪粉碎饲料，它结构紧凑、体积小、重量轻，但功率消耗大，齿爪易磨损且易因误入异物而损坏，对长纤维饲料不适应。所以应用没有锤片式粉碎机普遍。

爪式粉碎机的结构见图1-41。它主要由进料、粉碎及出料三部分组成。

工作时，饲料由喂料斗和插门流入粉碎室，受到齿爪的打击、碰撞、剪切和搓擦作用，逐渐碎成细粉。同时由于高速旋转的动齿盘形成的气流，使细粉通过筛圈被吹出。爪式粉碎机的主要部件为齿爪。动齿盘上的齿爪有圆齿和扁齿两种，圆齿装在内圈，扁齿装在外圈。根据试验，齿爪的最佳参数为：动齿爪长度占粉碎室宽的75%~81%；处于外圈的扁齿线速度为80~85m/s；扁齿与筛片间隙为18~20mm；动齿爪和定齿爪间隙：内圈35~45mm，外圈10~20mm。

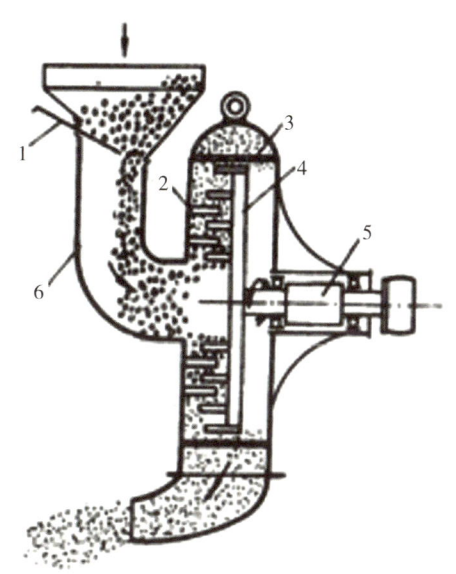

1.进料控制插门 2.定齿盘 3.环筛 4.动齿盘 5.主轴 6.喂入管

图1-41 爪式粉碎机

（三）粪污固液分离设备

畜禽粪便的分离即将粪便分离成液态部分和固态部分，它经常是粪便贮存前或处理前的一项工序。分离后的液态部分可进入贮粪池、化粪池或氧化沟等作进一步的生物学处理；固态部分一般是作为肥料还田。进行分离的优点是可减少生物处理设备中的沉淀物和有机物负荷，以减少生物处理设备的容积和延长其使用期，液态部分输送时不易堵塞。

畜禽粪便的分离分重力分离和机械分离两种。重力分离设备主要是沉淀池。机械分离设备则有筛式、离心式、螺旋挤压式和压滚式四种。筛式分离设备根据筛子的形状和工作原理又分固定斜筛、振动平筛和滚筒筛三种。

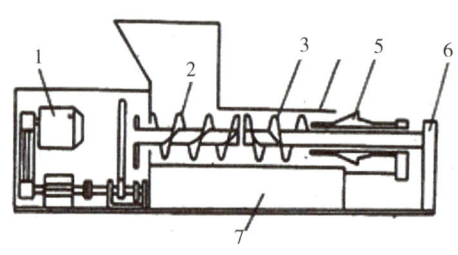

1. 电动机 2. 喂入螺旋 3. 挤压螺旋 4. 带孔的圆筒
5. 挤压锥体 6. 挤压锥体的液压传动装置 7. 外壳

图1-42　螺旋挤压式分离机

图1-42表示了螺旋挤压式分离机的示意图。螺旋挤压式分离机一般和筛式分离机配合使用。从筛式分离机分离出的稠状物进入装料斗，由喂入螺旋沿圆筒4推移，被挤压出的液体通过筒上的小孔流入底板。挤压螺旋的螺距较小，转速较低，当粪便被推移到挤压螺旋时将被挤压并排出液体。可以调节挤压锥体5改变排出口的面积从而改变挤压的程度。筛式分离机和螺旋挤压式分离机联合成机组后，当粪液通过量为10~17t/h时，悬浮物质分离率为80%~81%，稠状物的含水率为68.9%~72.4%。

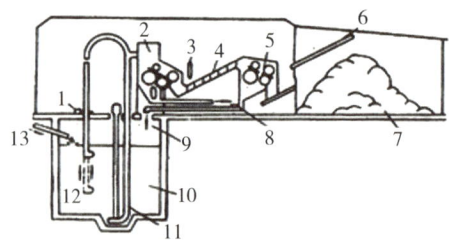

1. 回转喷嘴驱动装置 2. 第一次分离 3. 清洗喷嘴
4. 搅龙 5. 第二次分离 6. 纤维固态物输送器
7. 纤维固态物堆 8. 第一次排出液 9. 第二次排出液
10. 集粪池 11. 喂入和搅拌用粪泵 12. 搅拌用喷嘴高度的调节 13. 粪便进入口

图1-43　压滚式分离机

图1-43表示了压滚式分离机。它利用挤压使粪便的固液分离。分离机设有两套压滚，每一套由表面带孔的滚筒和橡胶辊组成，经过胶辊和滚筒的挤压，液态部分从滚筒的孔眼漏出，固态部分被挤压后进入另一套滚筒再一次挤压后最后排出。这种分离机比较适合于分离牛粪。当原粪液含水率为90.1%~95.5%时，分离出的稠厚部分的含水率为70%~74%。

十、水产机械

水产机械包括水产养殖机械（如增氧机、水体净化设备等）、水产捕捞机械（如铰纲机、探鱼设备等）。图1-44为几种水产养殖机械。

船式增氧机

浮球式增氧机

螺旋式增氧机

投饵机

吸鱼泵

起网机

图1-44 几种水产养殖机械

十一、农业废弃物利用处理设备

农业废弃物利用处理设备包括生物质设备（如沼气发生设备、秸秆气化设备等）、废弃物处理设备（如废弃物料烘干机、残膜回收机等）。

农业废弃物是指农业生产和农村生活中必然产生的副产品，废弃物也称"放错了地方的资源"，按来源主要划分为种植业废弃物、养殖业废弃物、农业生产生活固体垃圾与农村污水4种类型。

（一）农业废弃物处理的几种方式

1. 能源化利用

包括秸秆的气化、制碳、发电；畜禽粪便、秸秆的厌氧发酵制取沼气；生物质液化、生物柴油、燃料乙醇；有机垃圾混合燃烧发电等。

2. 肥料化利用

秸秆直接还田；采用微贮、氨化等方法过腹还田；畜禽粪便、秸秆通过微生物好氧、兼氧或厌氧发酵腐熟后还田等。

3. 饲料化利用

秸秆等植物性纤维废弃物通过技术处理加以饲料化利用；此外，动物性废弃物，如畜禽粪便和加工下脚料等也可经过无害化处理后用于饲料或饲料添加剂。

4. 材料化利用

主要是秸秆用于工业原料，秸秆是造纸的主要原料；另外还可用于生产植物纤维发泡材料、建材、草编等。加快工业材料应用技术研究，对提高农业废弃物消纳量具有重要意义。

5. 基质化利用

以秸秆、沼渣为基质进行食用菌栽培，以畜禽粪便为基质人工培养蝇虫等昆虫类以转化生产高蛋白生物饲料添加剂。

6. 生态化利用

按照生态学原理和系统工程优化原理，以农业废弃物处理为纽带，将农业生产中的各个环节联系起来，实现物质多重转化利用的目的。如我国推广的以沼气为纽带的"猪—沼—果"，"猪—沼—菜"等生态模式。循环型生态农业已成为世界农业发展的主流。

（二）农业废弃物利用处理设备

1. 秸秆处理机械

包括秸秆还田机、秸秆过腹还田相关设备（如秸秆青贮、黄贮的粉碎、打捆、集运、码垛等机械）、堆沤还田相关机械（如堆肥机、翻抛机等）、秸秆汽化设备（分散式、集中式）、秸秆沼气化设备（如沼气池）、生物质成型设备（如秸秆压块机）、秸秆制肥机等。

2. 畜禽粪便处理设备

包括厌氧发酵、好氧堆肥、微生物堆肥、干燥与除臭处理相关设备。

3. 其他

如残膜回收、滴灌带回收机械设备等。

对辊挤压造粒机

颗粒压制机

轨道式翻抛机

第一章　农业机械常识

轮式翻抛机　　　　　　　地膜回收机　　　　　　ZF-10 秸秆制肥机

图 1-45　几种农业废弃物利用处理设备

图 1-45 是几种农业废弃物利用处理设备。

十二、农田基本建设机械

农田基本建设机械包括挖掘机械（如挖坑机、推土机等）、平地机械（铲运机、平地机等）、清淤机械（如挖泥船、清淤机等）。图 1-46 为几种农田基本建设机械设备。

推土机　　　　　　　　　小型挖掘机　　　　　　　　平地机

清淤机　　　　　　　　　挖泥船　　　　　　　　水力挖塘机组

图 1-46　几种农田基本建设机械设备

53

十三、设施农业设备

设施农业设备包括温室大棚设备（如电动卷膜机、二氧化碳发生器等）、食用菌生产设备（如食用菌料制备设备、食用菌压块机等）。

设施农业，是在环境相对可控条件下，采用工程技术手段，进行动植物高效生产的一种现代农业方式。设施农业涵盖设施种植、设施养殖和设施食用菌等。

在国际的称谓上，欧洲、日本等通常使用"设施农业（Protected Agriculture）"这一概念，美国等通常使用"可控环境农业（Controlled Environmental Agriculture）"一词。

我国北方地区将设施分为三类：一是塑料（大）棚、二是日光温室、三是温室（连栋温室）。

塑料（大）棚是以塑料薄膜为覆盖材料，以金属或其它材料组合而成的骨架为支撑架的单栋拱棚。按照拱棚的尺寸大小又分为塑料大棚和中小拱棚。大棚一般不配置加温设备，主要用于春提早、秋延后生产，一般比露地栽培可春提早和秋延后1个月左右。在冬季气候比较温暖的我国南方大部分地区，塑料大棚可以进行越冬生产，如果配置遮阳网，还可兼作防雨棚和遮阳棚，实现周年生产。

日光温室是由东、西、北三面保温蓄热墙体、保温后屋面和采光前屋面以及前屋面透光塑料膜（或板）、前屋面活动保温被组成的单屋面温室。

（连栋）温室是用于作物生产，屋面和四周均采用玻璃或塑料材料及其支承结构，并配有一定的补光、控温、控湿、灌溉、管理、收获等配套设施或装备的建筑。

（一）组培、育苗、穴盘播种用机械装备

1. 组培设施设备

组培设施一般包括组培室、驯化室和温室三部分。

（1）组培室一般包括准备室、灭菌室（无菌操作室或接种室）、培养室等。常见的组培室平面布置示意图及内景图见图1-47。

（2）组培室常规的设备包括：常规设备（如天平、冰箱、酸度计、离心机、加热器、蒸馏水发生器、显微镜、水浴锅等）、灭菌设备（如高压灭菌锅、干热消毒柜、过滤灭菌器、紫外灯等）、灭菌操作设备（接种箱、超净工作台等）、培养设备（培养架、恒温箱、摇床等）、常用器皿用具（培养皿、实验器皿、注射器和刻度移液管、镊子、剪刀、解剖刀、钻孔器、酒精灯、电炉、微波烘箱、大型塑料桶、试管架、转移培养瓶等）。

贮藏室	缓冲室	接种室
准备室	培养室	

准备室	接种室	培养室
贮藏室	缓冲室	

图 1-47　组培室平面布置示意及内景

2. 穴盘基质准备设备

包括土壤或基质破碎、过筛、土壤或基质消毒机、土壤或基质与肥料搅拌设备等。

3. 穴盘播种机

包括手持式窝眼错位播种器、手持气吸式播种器、苗盘播种机（流水线）等。图 1-48 为几种穴盘播种设备。

气吸苗盘播种机　　　　手持气吸式苗盘播种器　　　　苗盘播种流水线

图 1-48　几种穴盘播种设备

（二）土壤耕整及播种机械

1. 耕作机械

包括微耕机、旋耕机、驱动耙、灭茬整地机等。图1-49为几种土壤整地机械的图片。

微耕机

驱动耙

灭茬整地机

图1-49　几种土壤整地机械

2. 起垄机

主要包括微耕机配套用起垄机、中小型拖拉机配套用起垄机。图1-50为几种起垄机。

牵引式起垄机（起垄犁）

微耕机配套前行式起垄机

微耕机配套用后退式起垄机

图1-50　几种起垄机械

3. 播种机

设施种植播种机主要有手持式、电动2、4、6行和机动10行等播种机。图1-51为几种叶菜播种机。

| 手持播种机 | 电动自走 4 行播种机 | 机动自走 10 行播种机 |

图 1-51 几种播种机

（三）环境调控设备与技术

1. 通风降温设备与技术

（1）自然通风：依靠室外风力造成的风压和室内外空气温度差所形成的热压使空气流动，达到交换室内外空气的目的。

塑料大棚的自然通风一般通过两侧的卷膜器卷起的风口来实现。日光温室的自然通风一般通过温室前屋面上部、或上部与下部卷膜器卷起的风口来实现。（连栋）温室的自然通风通过侧窗、天窗或温室覆盖膜卷起形成的通风口来实现。图 1-52 为几种自然通风装置。

| 大棚侧通风口 | 日光温室下通风口 | 连栋温室下通风口 |

| 卷膜器驱动电机 | 连栋温室天窗 | 电动卷膜器 |

图 1-52 几种自然通风装置

（2）风机通风：利用风力或电机作为动力强制实现室内外换气的方式。常见的风机有无动力风机和低压大流量轴流风机两种。无动力风机主要由顶盖、风叶、立轴、轴承、自润式密封套、变径风脖、支撑、立轴等组成；低压大流量轴流风机主要由电机、皮带轮、皮带、风筒、叶片、百叶窗、机架和护网等组成。图1-53两种通风风机结构。

1 顶盖 2 风叶 3 立轴 4 密封套
5 变径风脖 6 支撑 7 立轴
无动力风机

1 小皮带轮 2 电机 3 皮带 4 叶片 5 大皮带轮
6 百叶窗 7 护网 8 风筒 9 机架
轴流风机

图 1-53　两种通风风机结构

（3）湿帘降温：湿帘降温也称为湿帘—通风降温系统，主要由湿帘降温装置和风机组成。湿帘降温装置一般由配水管、湿帘、湿帘支撑构件、回水管路、集水箱、过滤网、过滤装置、供水管路、分水管路、风溢流管、浮球阀、水泵等组成。工作时，集水箱中的水经过滤后由泵打入供水管路流入配水管，配水管使水均匀分配到湿帘的上方，水从上到下流动经过湿帘汇集到集水池，再经过回水管路流回集水箱。流经湿帘的水使湿帘完全浸湿，在风机向室外强制排风时温室处于负压状态，与排风机相对一侧的室外空气经湿帘降温后进入温室内达到使室内降温的效果。

（4）遮阳降温：在温室内部或屋面上方设置遮阳网，减少进入温室内热量，从而达到降低室内温度的方法。遮阳网的展开和收拢设备称为拉幕机。拉幕机与遮阳网及托幕线等组成了拉幕系统。拉幕机按传动方式分为钢运拉幕机、齿条拉幕机和链式拉幕机。

2. 温室增温设备

温室增温设备包括热水采暖增温设备：热水采暖包括燃煤锅炉及室内暖气加温设备、电加热室内空气热交换加温设备、燃油加热室内空气热交换加温设备、电热丝地加热增温设备、太阳能加热水增温设备、空气热源泵增温设备、地源热泵增温设备等。

3. 二氧化碳施肥装置

按肥源的来源方式主要有燃烧式 CO_2 发生器、化学反应式 CO_2 发生器、瓶装压缩液态 CO_2 发生器、烟囱尾气回收 CO_2 利用装置、有机堆肥施放 CO_2、固体颗粒 CO_2 气肥等。图1-54为几种 CO_2 施肥装置。

筒式 CO_2 发生器

瓶装压缩液态 CO_2 施肥装置

自动控制燃气 CO_2 施肥装置

图1-54 几种 CO_2 施肥装置

（四）其它省力轻简化机械装备

1. 卷帘机

卷帘机主要用于日光温室前屋面透明物上覆盖保温材料（草帘、保温被）的卷起和铺放作业。按其结构形式分为中卷式、侧卷式和（高低杠）上拉式三种类型。其中由于上拉式安全隐患较多已较少使用。

卷帘机主要由电机、变速箱、卷轴、杆件（立杆、撑杆或伸缩杆）、铰接点、地面支撑、控制电箱等组成。图1-55为几种型式的卷帘机。

2. 卷帘机防过卷装置

主要用于日光温室卷帘机卷起或铺放时自动限位，一般有上下限位开关式和限时长两种防过卷方式或上述两种方式的组合。限位开关式通常在保温被卷起的上端日光温室长度方向的左中右各放置不少于1个限位开关，当保温被卷到上端预定位置时，通过限位开关强制卷帘机断电停止运行；在日光温室的前屋面保温

中卷式卷帘机　　　　　　侧卷式卷帘机　　　　　　上拉式卷帘机

图 1-55　几种型式卷帘机

被放下的极限位置在温室长度方向的两端各放置不少于 1 个限位开关，当保温被铺放到下端预定位置时，通过限位开关强制卷帘机断电停止运行。限时长的方式是通过控制卷帘机卷机卷起或铺放到预定位置的时长强制卷帘机断电停止运行的方法来实现防过卷功能。

3. 运输轨道（吊）车

主要用于日光温室或连栋温室的采摘作业或物料运输作业。主要类型有上吊轨道式、下铺轨道式和无轨道式三种类型。图 1-56 为几种型式运输车。

4. 其他机械

包括嫁接机、食用菌装袋机、移动式喷灌车等。图 1-57 为几种其他机械的图片。

日光温室吊轨式　　日光温室地面轨道小车　　连栋温室地面轨道小车　　无轨道运输小车
运输小车

图 1-56　几种型式运输车

嫁接机　　　　　　　　食用菌装袋机　　　　　　移动喷灌车

图 1-57　几种其他机械

十四、动力机械

动力机械包括拖拉机（如轮式拖拉机、船式拖拉机等）、农用内燃机（如柴油机、汽油机等）、农用航空器（如固定翼飞机、旋翼飞机等）。

（一）拖拉机的分类

拖拉机的分类方法很多，按用途分为工业拖拉机、林业拖拉机、农业拖拉机三大类；按行走装置分为履带拖拉机、手扶拖拉机、轮式拖拉机和船式（形）拖拉机四大类；按发动机功率大小分为小型拖拉机（14.71kW 以下）、中型拖拉机（14.71kW–36.78kW 之间、大型拖拉机（36.78kW 以上）三大类。图 1-58 为几种拖拉机的图片。

履带拖拉机

手扶拖拉机

两轮驱动轮式拖拉机

四轮驱动轮式拖拉机

船式拖拉机

船式拖拉机

图 1-58　几种拖拉机

1. 履带式拖拉机

履带式拖拉机的行走装置是履带，与地面接触面积大，压强小，所以拖拉机不易下陷。履带板上一般有很多履刺，便于插入土壤，所以有较好的牵引附着性能，对土壤和地面的适应性较好，除了可用于土地黏重、潮湿地块田间作业外,在其他类型拖拉机难以胜任的开荒、深翻和农田基本建设等也能很好地完成工作。

2. 手扶拖拉机

手扶拖拉机的行走轮轴只有一根,因此在农田作业时操作者多为步行,用手扶操纵拖拉机工作,运输时与小型挂车通过铰接机构连在一起,坐在挂车前部的长座上。其特点是体积小,重量轻,结构简单,价格便宜,机动灵活,通过性能好。它不仅是小块水田、旱田和丘陵地区的良好耕作机械,而且适于果园、菜园的多项作业。此外,手扶拖拉机还能与各种农副产品加工机械配套,既可作固定作业又可作短途运输,每年使用时间很长,综合利用性能很高。因此,在我国山区半山区及小田块地区,手扶拖拉机拥有一定的数量。它的缺点是功率小,生产率低,经济性较差,水田作业劳动强度大。

3. 轮式拖拉机

轮式拖拉机的行走装置是轮子。按其行走轮或轮轴的数量不同又可以分为手扶式和两轴轮式拖拉机两种。

两轴轮式拖拉机 两轴轮式拖拉机的行走轮轴有两根,如轮轴上有三个车轮的称为三轮拖拉机;如有四个轮子的称为四轮拖拉机。按照驱动型式的不同,四轮拖拉机还可以分为以下几个类型。

两轮驱动轮式拖拉机:一般为后两轮驱动、前两轮转向。其特点基本上与履带式拖拉机相反,体积较小,重量较轻,消耗金属较少,价格和维修费用较低,配套农机具较多,作业范围较广,能用于公路运输,每年使用的时间也较长,所以综合利用性能较高,在我国两轮驱动的轮式拖拉机生产和销售量都比较大。它的缺点是对地面压强大,易陷车,在潮湿泥泞或松软土壤易打滑,牵引附着性差,不能发出较大牵引力,所以两轮驱动的轮式拖拉机在需要大的牵引力或路面及土壤情况差时工作质量比不上履带式拖拉机。两轮驱动型式的拖拉机代号以 4×2 来表示。在农业上主要用于一般田间作业、排灌和农副产品加工以及运输等项作业。

四轮驱动轮式拖拉机:前后共四个轮都由发动机驱动。其特点介于两轮驱动轮式拖拉机和履带式拖拉机之间,它是兼有两者某些优点的机型。由于是四轮驱动,所以其牵引性能比两轮驱动的轮式拖拉机高 20%~50%。它适于挂带重型或宽幅高效农具,也适于农田基本建设工作。在中等湿度土壤上作业时,它与履带式拖拉机工作质量相差不多,但在高湿度黏重土壤上作业时相差较大。在结构上，它比两轮驱动轮式拖拉机复杂且价位高。但比履带式拖拉机消耗金属少，价格低。四轮驱动型式的拖拉机代号为4×4。在农业上主要用于土质黏重、大块地深翻、泥泞道路运输等作业。

4. 船式（形）拖拉机

船式拖拉机又称为船形拖拉机，是我国南方水田地区创造的一种新型的拖拉机，它的工作原理是利用船体支承整机的重量，通过一般为楔形的铁轮与土层作用推动船体滑移前进，并带动配套农具在水田里作业。它的特点是低洼、泥脚较深、无硬底层、牛和拖拉机很难进行作业的的水田、湖田作业时不易下陷。目前，船形拖拉机的主要型式是机耕船和机滚船，主要是在泥脚深的水田、湖田作为动力，与耕、耙、滚作业机具配套使用；若把驱动轮换为胶轮也可作为动力配带挂车运输用。由于它不沉陷、不破坏土壤、前进阻力小，所以它比一般型式的拖拉机和耕牛都具有很大的适应性，它的缺点是作业范围较窄、作业项目较少、综合利用性能低。但由于它制造简单、价格低，在泥脚深的水田、湖田进行耕、耙、滚作业中能发挥较大的作用，因此还是深受欢迎的一种拖拉机。

（二）拖拉机的基本组成

拖拉机虽是一种比较复杂的机器，虽然其型式和大小各不相同，但它们都是由发动机、底盘和电器设备三大部分组成的。

1. 发动机

发电机是拖拉机产生动力的装置。其作用是将供入的燃料燃烧，将所产生的热能转变为机械能（动力）向外输出。目前拖拉机汽车上采用的发动机多为往复式内燃机，按燃料的不同分为柴油机、汽油机等。我国目前生产的农用拖拉机大部分采用柴油机。

2. 底盘

底盘是拖拉机传递动力的装置。其作用是将发动机的动力传递给驱动轮和工作装置使拖拉机行驶，并完成移动作业或固定作业。这个作用是通过传动系统、行走系统、转向系统、制动系统和工作装置的相互配合、协调工作来实现的，同时它们又构成了拖拉机的骨架和身躯。因此，我们把上述的四大系统和一大装置统称为底盘。也就是说，在拖拉机的整体中，除发动机和电器设备以外的所有其它系统和装置，统称为拖拉机底盘。图1-59为轮式拖拉机底盘示意图。

3. 电器设备

电器设备是保证拖拉机用电的装置。包括电源、发动机的电起动系以及拖拉

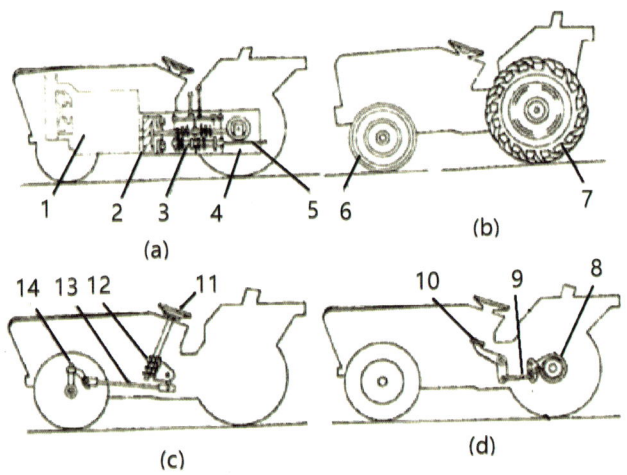

(a) 传动系统 (b) 行走系统 (c) 转向系统 (d) 制动系统
1. 发动机 2. 离合器 3. 变速箱 4. 后桥 5. 动力输出轴 6. 前轮（导向轮）7. 后轮（驱动轮）
8. 制动器 9. 拉杆 10. 踏板 11. 方向盘 12. 转向器 13. 直拉杆 14. 转向节立轴

图 1-59　轮式拖拉机底盘

机的照明、音响信号、监视仪表等用电设备所组成。

十五、其他机械

其它机械包括农用航空器（如固定翼飞机、旋翼飞机等）、养蜂设备（如养蜂平台）等。

第三节　农机制造基础

一、概述

（一）制造业

制造业是指机械工业时代对制造资源（物料、能源、设备、工具、资金、技术、信息和人力等），按照市场要求，通过制造过程，转化为可供人们使用和利用的大型工具、工业品与生活消费产品的行业。

制造业直接体现了一个国家的生产力水平，是区别发展中国家和发达国家的重要因素，制造业在世界发达国家（developed countries）的国民经济中占有重要份额。

制造业包括：产品制造、设计、原料采购、仓储运输、订单处理、批发经营、零售。在主要从事产品制造的企业（单位）中，为产品销售而进行的机械与设备的组装与安装活动。

制造业是进行制造活动，为人们提供使用或利用的工业品或生活消费品的行业。

（二）机械制造几种说法

机械制造是各种机械、机床、仪器、仪表制造过程的总称。

机械制造指从事各种动力机械、起重运输机械、化工机械、纺织机械、机床、工具、仪器、仪表及其他机械设备等生产过程的总称。机械制造业为整个国民经济提供技术装备。

（三）农业机械制造

农业机械制造简称农机制造，是指从事农业机械生产过程的总称。

二、公差配合与测量

（一）互换性概述

在农业生产中，农业机械的易损件（如刀片、皮带）、标准件（如轴承、电机等）坏了，可以迅速换上相同型号的零部件，更换后即能正常行驶或运转。之所以这样方便，就是因为这些零部件具有互相替换性。在机械工业中，互换性是指相同规格的零部件，在装配或更换时，不经挑选、调整或附加加工，就能进行装配，并且满足预定要求的性能。

零部件的互换性应包括其几何参数、力学性能和物理化学性能等方面的互换性。一般来说互换性多指几何参数的互换性。

互换性包括完全互换性和不完全互换性两种。完全互换性是指零部件在装配或更换时，不经挑选、调整或修配，装配后能满足预定的要求，我们说这样的零部件具有完全互换性；不完全互换性，是指零部件在装配或更换时，允许有附加选择或附加调整，但不允许修配，装配后能够满足预定的要求，这样的零部件具有不完全互换性。

零件加工时不可能做得绝对精确，总是存在几何参数误差。零件的几何参数误差分为尺寸误差、形状误差、位置误差和表面误差。

(二)尺寸公差与配合

1. 尺寸

(1)尺寸:是指以特定单位表示线性尺寸值的数值,尺寸表示长度的大小,由数字和长度单位组成,主要包括直径、长度、宽度、高度、厚度以及中心距等。

(2)公称尺寸:是指由图样规范确定的理想形状要素的尺寸。

(3)极限尺寸:指尺寸要素允许的尺寸的两个极端。

(4)上极限尺寸(最大极限尺寸):指尺寸要素允许的最大尺寸。

(5)下极限尺寸(最小极限尺寸):指尺寸要素允许的最小尺寸。

2. 偏差、公差

(1)零线:指在极限与配合图解中,表示公称尺寸的一条直线。

(2)偏差:指某一尺寸减去其公称尺寸所得的代数差。

(3)极限偏差:指极限尺寸减去其公称尺寸所得的代数差。包括上极限偏差和下极限偏差。

(4)上极限偏差(上偏差):指上极限尺寸(最大极限尺寸)减去其公称尺寸所得代数差。

(5)下极限偏差(下偏差):指下极限尺寸(最小极限尺寸)减去其公称尺寸所得代数差。

(6)尺寸公差(简称公差):上极限尺寸与下极限尺寸之差,或上极限偏差与下极限偏差之差,它是允许尺寸的变动量,尺寸公差是一个没有符号的绝对值。

(7)标准公差:指在标准 GB/T1800.1 极限与配合制中,所规定的任一公差。

(8)尺寸公差带:由代表上极限偏差和下极限偏差或上极限尺寸和下极限尺寸的两条直线所限定的一个区域。

3. 配合

(1)配合:是指公称尺寸相同的、相互结合的孔和轴公差带之间的关系。配合的孔和轴公称尺寸必须相同,而相互结合的孔和轴公差带之间的不同关系决定了孔和轴配合的松紧程度,也决定了孔和轴的配合性质。

(2)间隙和过盈:孔的尺寸减去相配合的轴的尺寸所得的代数差,此差值为正时叫做间隙,间隙用 X 表示。此差值为负时叫作过盈,过盈用 Y 表示。

(3)配合的种类:根据相互结合孔和轴公差带之间的位置关系,配合分为间隙配合、过盈配合和过渡配合 3 类。

（4）间隙配合：指具有间隙（包括最小间隙等于零）的配合。通常指孔大轴小的配合，也可以是零间隙配合。

（5）过盈配合：指具有过盈（包括最小过盈等于零）的配合。通常指孔小轴大的配合。

（6）过渡配合：指可能有间隙或达盈的配合。

三、常用机构和机械传动

（一）铰链四杆机构

平面连杆机构是低副机构。所有构件均在同一平面内运动或在相互平行的平面内运动的连杆机构称为平面连杆机构。由四个构件组成的平面连杆机构称为平面四杆机构，它是平面连杆机构中最常见的形式。若平面四杆机构中的低副全部都是转动副，则称其为铰链四杆机械，它是平面四杆机构的基本

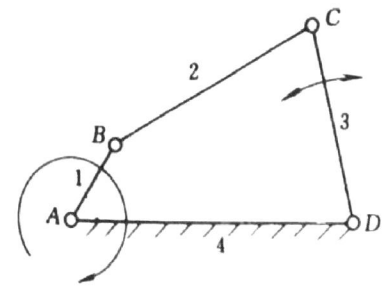

图 1-60　铰链四杆机构

形式，其他形式的平面四杆机构都可看成是在它的基础上演化而成的。

在图 1-60 所示的铰链四杆机构中，杆 4 是机架，与机架相对的杆 2 为连杆，与机架相连的杆 1 和 3 为连架杆，在铰链四杆机械中能作整周回转运动的连架杆（图 1-60 中的杆 1）称为曲柄，不能作整周回转运动的连架杆（图 1-60 中的杆 3）称为摇杆。

在铰链四杆机构中，随着四个杆的相对尺寸的变化，此四杆机构可演变为双曲柄机构、曲柄摇杆机构、双摇杆机构和双摆杆结构（图 1-61）。

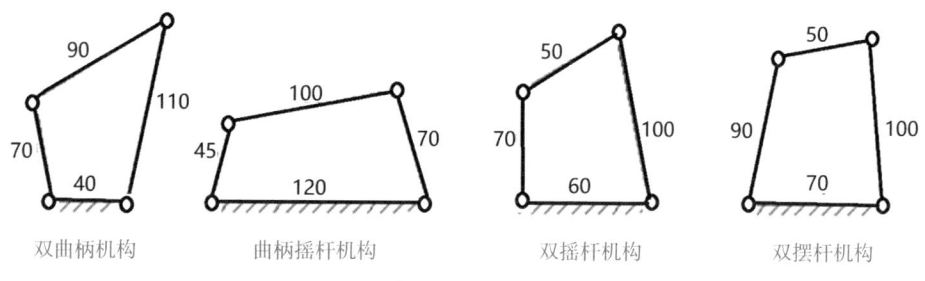

图 1-61　铰接四杆机构的几种型式

1. 曲柄摇杆机构

两连架杆中一个是曲柄,一个是摇杆的铰链四杆机构,当曲柄为原动件时,可将曲柄的连续转动,转变为摇杆的往复摆动。(图1-61中左2图)

2. 双曲柄机构

两连架杆均为曲柄的铰链四杆机构称为双曲柄机构,当原动曲柄连续转动时,从动曲柄也作连续运动(见图1-61为左侧图)

双曲柄当连杆与机架的长度相等且两个曲柄长度相等时,若曲柄转向相同,称为平行四边形机构(图1-62a);若曲柄转向相反,称为反向平行双曲柄机构,简称反向双曲柄机构(图1-62b)。

3. 双摇杆机构

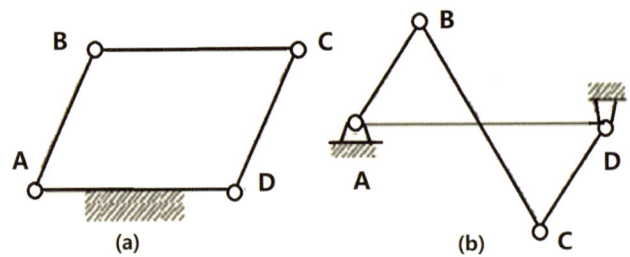

图1-62 平行四边形和反向双曲柄机构

两连架杆均为摇杆的四杆机构称为双摇杆机构(图1-61中右侧两机构)。双摇杆机构常用于操纵机构、仪表机构等。如汽车或拖拉机前轮转向机构、飞机起落架收放机构、挂车自卸机构等。

(二)铰链四杆机构的演化机构

1. 曲柄滑块机构

在曲柄摇杆机构(图1-61)中,当C点的运动轨迹被控制在一个直线轨道内时,此机构则变为曲柄滑块机构(图1-63)。

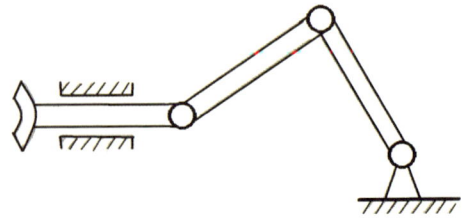

图1-63 曲柄滑块机构

2. 导杆机构

导杆机构可看成是改变曲柄滑块机构中的不同固定构件演化而来的。在图 1-64 最左侧图所示的曲柄滑块机构，若将杆 1 改为机架，即得导杆机构。此时，杆 4 称为导杆，滑块 3 相对导杆滑动并一起绕 A 点转动。此时有两种情况，当杆 1 的长度小于杆 2 的长度时，杆 2 和杆 4 均可作整周回转，称为转动导杆机构，当杆 1 的长度大于杆 2 的长度时，杆 4 只能往复摆动，称为摆动导杆机构。

当固定杆 2 时（图 1-64 右侧第二图），为摆动滑块机构。

当固定滑块时（图 1-64 最右侧图）为固定滑块机构。

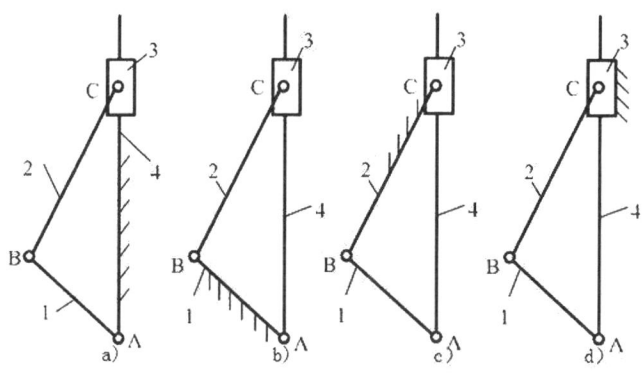

图 1-64 导杆机构

导杆机构具有很好的传力性能，广泛应用于回转式油泵、牛头刨床及插床等机器中。

（三）凸轮机构

1. 凸轮机构的特点

凸轮机构一般由凸轮、从动件和机架 3 个构件组成。通常凸轮为原动件，作连续等速转动，从动件（如推杆或摆杆）按预定规律作往复移动或摆动，其特点是结构简单、紧凑，设计方便，易磨损。

2. 凸轮机构的分类

凸轮机构的类型很多，通常可按凸轮的形状、从动件端部的结构、从动件的运动形式等分类。其分类说明见表 1-2。

表 1-2 凸轮机构的分类及特性说明

分类方法	名称	特性
按凸轮的形状分类	盘形凸轮	绕固定轴线转动,并具有半径变化的盘形零件
	移动凸轮	回转中心趋于无穷远,凸轮沿机架作直线运动
	圆柱凸轮	空间凸轮的一种形式
按从动件端部的结构分类	尖项从动件	能与任意复杂的凸轮轮廓曲线保持接触,可以实现复杂的运动规律,而且结构简单。但尖项容易磨损,只用于低速、轻载的场合
	滚子从动件	滚子与从动件之间的相对转动是一个局部自由度,它改善了从动件与凸轮轮廓曲线间的接触状况,使滑动摩擦变成滚动摩擦,减少了磨损,因此,滚子从动件可承受较大的载荷,应用较广
	平底从动件	这种从动件的结构简单,在一定的条件下与凸轮轮廓曲线接触容易形成润滑油膜,传动效率高,而且传力性能较好,常用于高速场合

(四)步进运动机构

在机器工作的时候,常常需要将主动件的连续运动变换为从动件的周期性的运动和停歇。这种能够实现单向周期性间歇运动的机构,称变步进运动机构。

1. 棘轮机构

棘轮机构主要由摇杆、棘爪、棘轮和机架组成。其中,棘轮与机构的输出轴 O 固联;摇杆空套在机构的输出轴 O 上,并可绕轴 O 往复摆动;而棘爪用转动副铰接在摇杆上。此外,机构中有时还设有弹簧和正回棘爪(宜称为制动棘爪)。棘轮机构可分为齿式棘轮机构(图 1-65 之左侧图)和摩擦式棘轮机构(图 1-65 之右侧图)。

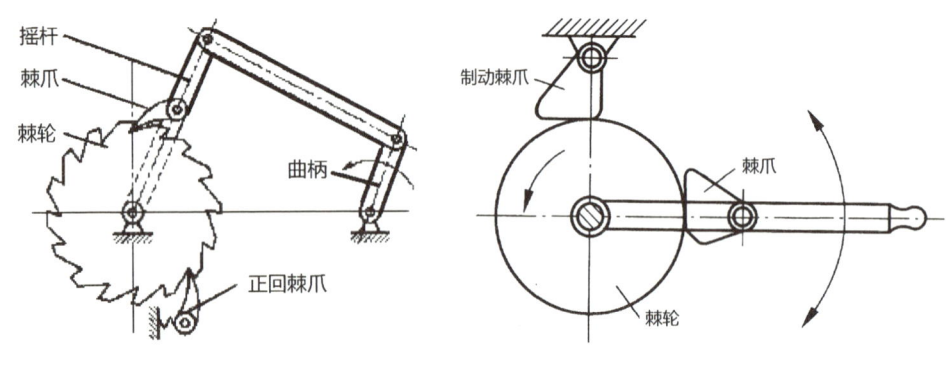

齿式棘轮机构　　　　　　　摩擦式棘轮机构

图 1-65 棘轮机构

摩擦式棘轮机构采用没有棘齿的棘轮，棘爪为扇形的偏心轮，如图1-65之右图所示。依靠棘爪与棘轮之间的摩擦力来传递运动，制动棘爪起制动作用。

2. 槽轮机构

图1-66所示为单圆柱销外啮合槽轮机构。它由带有圆柱销A的拨盘、具有径向槽的槽轮和机架所组成。

在槽轮机构中，通常拨盘为主动件，槽轮为从动件，当拨盘以等角速度ω1作逆时针连续转动时，驱动槽轮作反向间歇运动。当拨盘上的园柱销A尚未进入槽轮的径向槽时，槽轮的内凹销止弧被拨盘的外凸圆弧S_2卡住，槽轮静止不动。

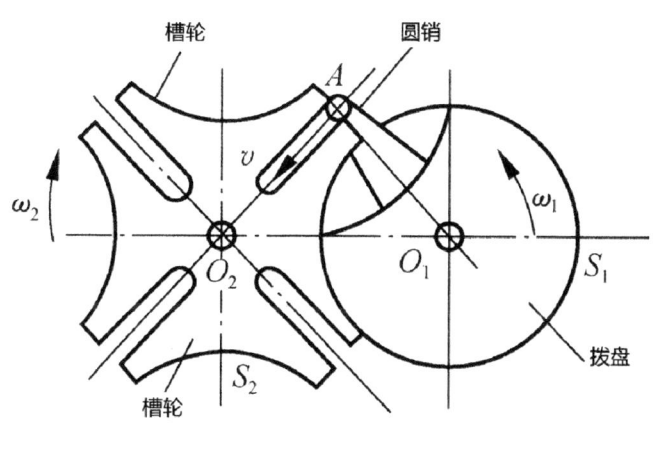

图1-66 槽轮机构

（五）带传动和链传动机构

带传动和链传动都属于两传动轴中心距较远的机械传动，带传动是依靠摩擦力来传递动力和转矩；链传动是依靠啮合力来传递动力和转矩。

1. 带传动

带传动的类型：分为平型带传动、V带传动、圆形带传动和同步带传动等。

2. 带传动的相关知识

（1）一般用途的带传动主要用帘布结构的V带。绳芯结构的比较柔软，抗弯强度高，抗拉强度稍差，适用于转速较高、载荷不大或带轮直径较小的场合。

（2）V带必须正确地安装在轮槽中，一般以带的外边缘与轮缘平齐为准。

（3）传动带的张紧力要适当。张紧力过小容易打滑，不能传递足够的功率；

张紧力太大会使传动轴产生不必要的弯曲变形，降低传动带的使用寿命，加剧轴和轴承的磨损，同时也降低传动效率。

（4）两带轮的轴线要保持平行，且两轮轮槽要相互对齐。

（5）装拆V带时，应先将中心距调小，将V带套上带轮后，再调回正确位置，避免硬件撬而损坏V带。

（6）调换V带时，一般要成组更换，不宜逐根调换。

（7）传动带在带轮上的包角不能太小，否则容易打滑。V带传动的包角不能小于120°。

（8）带的工作温度不应超过60°。带不宜与油、酸、碱等腐蚀性物质接触。

（9）为了保证安全，带传动应加防护罩。

3. 链传动

（1）工作原理。链传动是由主动链轮、从动链轮、套在两个链轮上的链条和机架组成的。工作时，主动链轮转动，依靠链条的链节和链轮齿的啮合将运动和动力传递给从动轮。

（2）链传动的主要类型。按工作特性分为：

——起重链　用于提升重物，速度不大于0.25m/s；

——曳引链　多用于运输机构，速度不大于2m/s~4m/s；

——传动链　用于传递运动和动力，速度不大于12m/s~15m/s。

按传动链接形式分为：套筒滚子链和齿形链。

（3）链传动的特点。中心距使用范围较大；没有相对滑动，能得到准确的平均传动比；张紧力小，故对轴的压力小；结构较紧凑；可在高温、油污、潮湿等环境恶劣情况下工作；但其传动平衡性差；工作时有噪声；且制造成本较高；只能用于平行轴间传动。其应用范围为：传递的功率不大于100kW；传动比不大于8；中心距不大于6m；链速不大于15m/s；传动效率约为0.94~0.98（图1-67）。

（4）链传动的布置、张紧与润滑。链传动只能布置在垂直平面内，不能布置在水平或倾斜平面内，两轮中心线最好水平或与水平面夹角小于45°；张紧的目的不取决于工

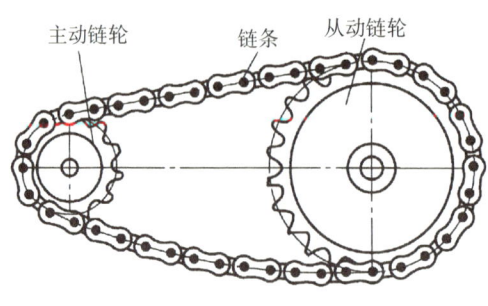

图1-67　链传动

作能力，而是由垂度大小决定，一般用移动轮系的方法，以增大中心距，注意张紧轮应在靠近主动轮的从动边上；润滑有利于缓冲、减小摩擦、降低磨损，润滑良好否对承载能力、使用寿命有较大影响。

4.螺旋传动

螺旋传动是利用螺旋副来传递运动和（或）动力的一种机械传动。常用的螺旋传动有普通螺旋传动、差动螺旋传动和滚珠螺旋传动等。

（1）普通螺旋传动。由构件螺杆和螺母组成的简单螺旋副实现的传动是普通螺旋传动。如台虎钳、螺旋千斤顶、机床工作台移动机构等。

（2）差动螺旋传动。由两个螺旋副组成的使活动的螺母与螺杆产生差动（即不一致）的螺旋传动称为差动螺旋传动。如铣床夹具微调装置、差动螺旋传动的微调镗刀等。

5.摩擦轮传动和齿轮传动

摩擦轮传动和齿轮传动都属于两传动轴中心距较近的机械传动，摩擦轮传动是依靠摩擦力来传递动力和转矩；齿轮传动是依靠啮合力来传递动力和转矩。

（1）摩擦轮传动。按两轮轴线相对位置摩擦轮传动可分为两轴平行和两轴相交两类。其特点是结构简单，使用维修方便，适用于两轴中心距较近的传动；传动时噪声小，并可在动转中变速、变向；过载时，两轮接触处会产生打滑，因而可防止薄弱零件的损坏，起到安全保护作用；在两轮接触处有产生打滑的可能，所以不能保持准确的传动比；传动效率较低，不宜传递较大的转矩，主要适用于高速、小传动的场合。

（2）齿轮传动。齿轮传动分为直齿圆柱齿轮传动、斜齿轮传动（轴线平行）、锥齿轮传动和蜗杆传动四种类型。

四、铸造

（一）概述

熔炼金属，制造与零件形状相适应的铸型，并将熔融金属浇入铸型中，待其冷却凝固后获得一定形状和性能的铸件（毛坯或零件）的成型方法叫做铸造。用铸造方法制造的毛坯或零件称为铸件。其特点是金属在液态下成形，它能制造各种尺寸不同形状复杂的毛坯或零件。铸造具有适应性广、成本低廉的优点，在一般机械中广泛采用铸件。因此，铸造是机械零件毛坯或成品零件热加工的一种重要工艺方法。

用铸造的金属有铸铁、铸钢和铸造有色金属。铸造的优点是生产成本较低，设备简单，原材料来源广、价格低，利于废物利用；缺点是铸件的力学性能较低，又受到最小壁厚的限制，铸件较笨重。铸造的工序多，铸件质量不稳定，废品率较高。

（二）铸造方法

根据铸型的方法不同，铸造方法分为砂型铸造和特种铸造两大类。砂型铸造是目前最常用最基本的铸造方法。

1. 砂型铸造

砂型铸造的主要工序有制造模样和芯盒、备制型砂和芯砂、造型、造芯、合型、浇注、落砂清理和检验等。其中造型（芯）是砂型铸造最基本的工序，按紧实型砂和起模方法的不同，造型方法可分为手工造型和机器造型两种。图1-68为砂型铸造的基本工艺过程示意图。

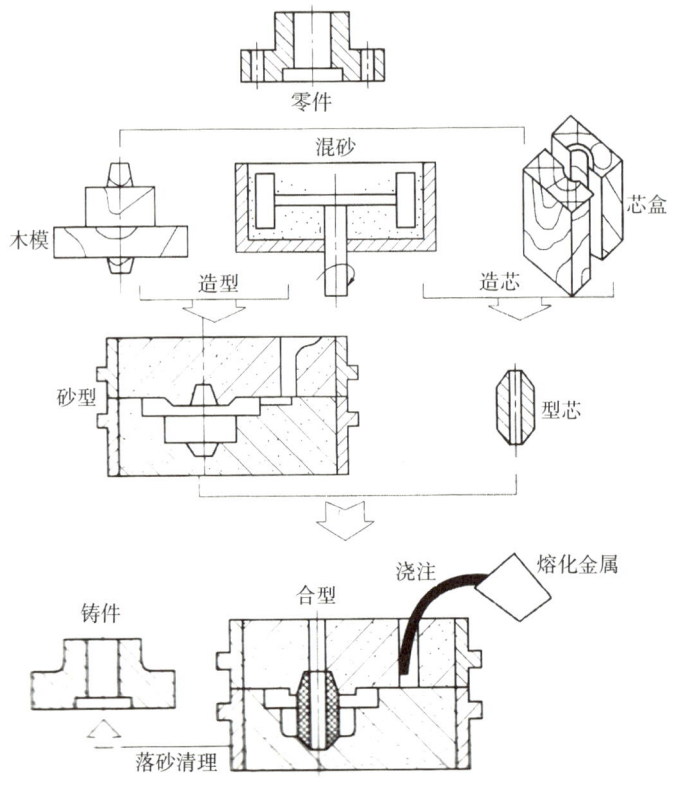

图1-68 砂型铸造的基本工艺过程

（1）手工造型。手工造型操作灵活，工装简单，但劳动强度大，生产效率低，常用于单件和小批量生产。

手工造型的方法很多，有整模造型、分模造型、挖砂造型、活块造型、刮板造型等。

（2）机器造型。机器造型（芯）使紧砂和起模两个重要工序实现了机械化，因而生产效率高，铸件质量好。但设备投资大，适用于中、小型铸件的成批大量生产。机器造型按紧实的方式不同，分压实造型、震击造型、抛砂造型和射砂造型4种基本方式。

2.特种铸造

与砂型铸造不同的其他铸造方法统称为特种铸造。各种特种铸造方法均有其突出的特点和一定的局限性，下面简要介绍常用的特种铸造方法。

（1）熔模铸造。熔模铸造就是先用母模制造压型，然后用易熔材料制成模样，再用造型材料将其表面包覆，经过硬化后将模样熔去，从而制成无分型面的铸型壳，最后经浇注获得铸件。由于熔模广泛采用蜡质材料来制造，所以熔模铸造又称"失蜡铸造"。

（2）金属型铸造。把液体金属浇入用金属制成的铸型内，而获得铸件的方法。一般金属型用铸铁或耐热钢制造，由于金属型可重复使用多次，故又称为永久型。

按照分型面的位置不同，金属型分为整体式，垂直分型式、水平分型式和复合分型式。

（3）压力铸造。将熔融金属在高压下铸型，并在压力下凝固，而获得铸件的方法，简称压铸。

（4）离心铸造。将液体金属浇入高速旋转的铸型中，使其在离心力的作用下凝固成形的铸造方法。

3.铸造生产常见的几种缺陷

由于铸造生产工序繁多，很容易使铸件产生缺陷，铸造常见的缺陷有孔洞（如气孔、缩孔、砂眼）、表面缺陷（如冷隔）、形状不合格（如浇不到）、裂纹等。

五、锻造

（一）概述

锻造又称为锻压，是一种借助工具或模具在冲击或压力作用下，对金属坯料施加外力，使其产生塑性变形改变尺寸、形状及性能，用以制造机械零件或零件

毛坯的成形加工方法，锻压又称作锻造或冲压。锻压具有细化晶粒、致密组织，并可具有连贯的锻压流线，从而可以改善金属的力学性能。此外，锻压还具有生产率高，节省材料的优点。因此锻压在金属热加工中占有重要的地位。

（二）锻造生产的特点

锻造加工与其他加工方法比较，具有较高的生产效率。可消除零件或毛坯的内部缺陷。锻件的形状、尺寸稳定性好，并具有较高的综合力学性能。锻件的最大优势是韧性好、纤维组织合理、锻件间性能变化小。锻件的内部质量与其加工历史有关，且不会被任何一种金属加工工艺超过。

（三）锻造的分类

锻造生产根据使用工具和生产工艺不同而分为自由锻、模锻和特种锻造。

1. 自由锻

自由锻是将加热好的金属坯料，放在锻造设备的上、下砧铁之间，施加冲击力或压力，使之产生塑性变形，从而获得所需锻件的一种加工方法。坯料在锻造过程中，除与上、下砧铁或其他辅助工具接触的部分表面外，都是自由表面，变形不受限制，故称自由锻。

自由锻通常可分为手工自由锻和机器自由锻。手工自由锻主要是依靠人力利用简单工具对坯料进行锻打，从而改变坯料的形状和尺寸获得所需锻件。手工锻造生产率低，劳动强度大，锤击力小，在现代工业生产中已被机器锻造所代替。机器自由锻主要依靠专用的自由锻设备和专用工具对坯料进行锻打，改变坯料的形状和尺寸，从而获得所需锻件。自由锻的优点是所用工具简单、通用性强、灵活性大，适合单件和小批锻件，特别是特大型锻件的生产。自由锻的缺点是锻件精度低，加工余量大、生产效率低、劳动强度大等。

2. 模锻

模锻是将加热后的坯料放在模腔内，在锻压力的作用下将坯料变形而获得锻件的一种加工方法。坯料变形时，金属的流动受到模腔的限制和引导，从而获得与膜腔形状一致的锻件。与自由锻相比，模锻的具有以下优点。

一是由于模腔引导金属的流动，锻件的形状可以比较复杂。

二是锻件内部的锻造流线按锻件轮廓分布，从而提高了零件的机械性能和寿命。

三是锻件表面光洁、尺寸精度高、节约材料和切削加工工时。

四是操作简单，易于实现机械化，生产率较高。

按使用设备类型不同，模锻可分为锤上模锻、曲柄压力机上模锻、摩擦压力机上模锻、平锻机上模锻、液压机上模锻等。

（1）锤上模锻。将上、下模块分别固紧在锤头与砧座上，将加热透的金属坯料放入下模型腔中，借助于上模向下的冲击作用，迫使金属在锻模型槽中塑性流动和填充，从而获得与型腔形状一致的锻件。锤上模锻能完成镦粗、拔长、滚挤、弯曲、成形、预锻和终锻等各变形工步的操作。锤击力量的大小和锤击频率可以在操作中自动控制和变换，可完成各种长轴类锻件和短轴类锻件的模锻，在各种模锻方法中具有较好的适应性。设备费用也相对比较低，具有结构简单、造价低、操作简单、使用灵活等优点。

（2）曲柄压力机上模锻。它是通过电动机驱动飞轮释放能量，曲柄连杆机构带动滑块沿导轨做上下往复运动，产生较大的锻压力对工作进行锻压的操作。其锻模分别安装在滑块的下端和工作台上。其特点是工作时振动和噪音小、坯料的变形速度较低、锻造时滑块的行程不变、且运动精度高。其缺点是设备费用高，模具结构复杂，对坯料的加热质量要求高，不能进行拔长、滚挤等工序操作。

（3）平锻机上模锻。平锻机又称卧式锻造机，它沿水平方向对坯料施加锻造压力，按照分模面的位置可分为垂直分模平锻机和水平分模平锻机。其工艺特点是锻造过程中坯料水平放置，坯料都是棒料或管材，且只进行局部（一端）加热和局部变形加工；锻模有两个分模面，锻件出模方便；需配备对棒料局部加热的专用加热炉。与曲柄压力机上模锻，其操作特点是模锻也是一种高效率、高质量、容易实现机械化的锻造方法，劳动条件较好。缺点是机器价格贵、投资大，仅适用于大批量生产。

（4）摩擦压力机上模锻。它是靠飞轮旋转所积蓄的能量转化成的变形能进行锻造的操作。摩擦压力机属于锻锤欠锻压设备，其行程速度介于模锻锤和曲柄压力机之间，有一定的冲击作用，滑块行程的冲击能量都可以自由调节，坯料在一个模膛内可以多次锻击，工艺性能广泛，既可完成镦粗、成形、弯曲、预锻等成形工序，也可以进行校正、精整、切边、冲孔等后续工序的操作，必要时，还可作为板料冲压的设备使用。其优点是结构简单、性能广泛、使用维修方便。缺点是飞轮惯性大，单位时间内的行程次数比其他设备低得多，生产率较低、传动效率低，适用于小型锻件的批量生产。

六、冲压（落料）

（一）概述

冲压又称作板料冲压，也可称为落料，是利用装在冲床上的冲模对金属板加压，使板材产生塑性变形或分离，从而获得零件或毛坯的加工方法，板料冲压的坯料通常都是较薄的金属板料，而且，冲压时不需要加热，故又称为薄板冲压或冷冲压，简称冷冲或冲压。被冲压后的金属件（零件）叫做冲压件。

（二）冲压的特点

（1）冲压是常温下通过塑性变形对金属板料进行加工，要求原材料一是具有足够的塑性，二是有较低的变形抗力，即在一定的压力作业下能够达到塑性变形的效果。

（2）冲压件具有结构轻巧、强度和刚度较高的优点。

（3）冲压件尺寸精度高、质量稳定、互换性好，一般不再进行切削加工，即可作为零件使用。

（4）冲压生产操作简单，生产率高，便于实现机械化和自动化。

（5）冲压模具结构复杂、精度要求高、制造费用高，只有在大批量生产的条件下，采用冲压加工方法才经济合理。

（三）冲压设备

冲压设备主要包括剪床和冲床。

1. 剪床

用于把板料切成需要宽度的条料，以供冲压工序使用。其工作原理是电动机通过带轮转动驱动轴，再通过齿轮传动及离合器使曲轴转动，从而带动带有刀片的滑块上下运动，进行剪切作业。

2. 冲床

用于把板料冲压成两个相互分离的部分，直接形成所需的冲压件或供进一步加工的金属件。冲床主要有单柱冲床、双柱冲床等。其工作原理是电动机带动飞轮通过离合器与单拐曲轴相撞，飞轮可在曲轴上自由转动，曲轴的另一端则通过与滑块连接。滑块作上下运动时将板料分离为两部分或使板材产生塑性变形，从而形成冲压件。

（四）冲压的基本工序

板料冲压的基本工序包括冲裁、弯曲、拉深、成形等。

1. 冲裁

冲裁是使板料沿封闭或一定的轮廓线与母体分离的工序，包括冲孔和落料。这两个工序的坯料变形过程和模具结构有关，二者的区别在于冲孔是在板料上冲出孔或一定的复杂形状，被分离的部分为废料，而未被分离或留下的是带孔或一定的复杂形状的成品；落料是被分离的部分是成品，未被分离或留下的是废料。

2. 弯曲

弯曲是将平直板料弯成一定角度和圆弧的工序。弯曲时，坯料的一侧的受压力作用发生变形，另一侧受压应力作用产生压缩变形。在这两个应力应变区之间存在一个不产生应力和应变的中性层，其位置在板料的中心部位。在外力的作用下，板料产生的变形由弹性变形和塑性变形两部分组成。当外力去除后，塑性变形保留下来，而弹性变形部分则要恢复，从而使板料产生与弯曲方向相反的变形，这种现象称为弹复，又称回弹，弹复后，弯曲半径增大。

3. 拉深

拉深是利用拉深模使平面板料变为开口空心件的冲压工序，又称拉延。拉深可以制成筒形、阶梯形、球形及其他复杂形状的薄壁零件。拉深时原始直径的板料经凸模压入到凹模（成形模）的过程中，伴随着坯料变形和厚度的变化，拉深件的底部一般不变形，厚度基本不变。其余环形部分坯料经变形成为空心件的侧壁，厚度有所减少。侧壁与底之间的过渡圆角部位被拉薄最严重，拉深件的法兰部分厚度有所增加。拉深件的成形是金属材料产生塑性流动的结果，坯料直径越大，空心件直径越小，变形程度越大。

4. 成形

成形是使板料或半成品改变局部形状的工序，包括压肋、压坑、胀形和翻边等。

（1）压肋和压坑（包括压字、压花），是压制出各种形状的凸起和凹陷的工序。

（2）胀形：是将拉深件轴线方向上局部区段的直径胀大的冲压工序。

（3）翻边：是在板料或半成品上沿一定的曲线翻起竖立边缘的冲压工序。

七、机加工（车、铣、刨、磨、钻等）

（一）概述

各种机械产品的用途和零件的结构虽然差别很大，但机械零件的制造工艺却有共同之处，即都是构成零件的各种表面的成形过程。机械零件表面的切削加工成形过程是通过刀具与被加工零件的相对运动完成的。这一过程要在由金属切削机床、刀具、夹具和工件构成的机械加工工艺系统中完成。机床是加工机械零件的工作机，刀具对零件进行切削加工，夹具用来固定工件使之占有正确的位置。

零件的表面通常是几种基本形状表面：平面、圆柱面、圆锥面以及各种成形面或是几种基本形状表面的组合。

机械零件基本形状表面都可以看成是一条线1（母线），沿着另一条线2（导线）运动的轨迹。平面是由一根直线1（母线）沿着另一根直线2（导线）运动而成；圆柱面和圆锥面是由一根直线1（母线）沿着一个圆2（导线）运动而成；普通螺纹的螺旋面是由"∧"形线1（母线）沿螺旋线2（导线）运动而成的；直齿圆柱齿轮的渐开线齿廓是由渐开线1（母线）沿直线2（导线）运动而成等，这些表面称为线性表面。形成表面的母线和导线统称为发生线。零件表面的成形示意图见图1-69。

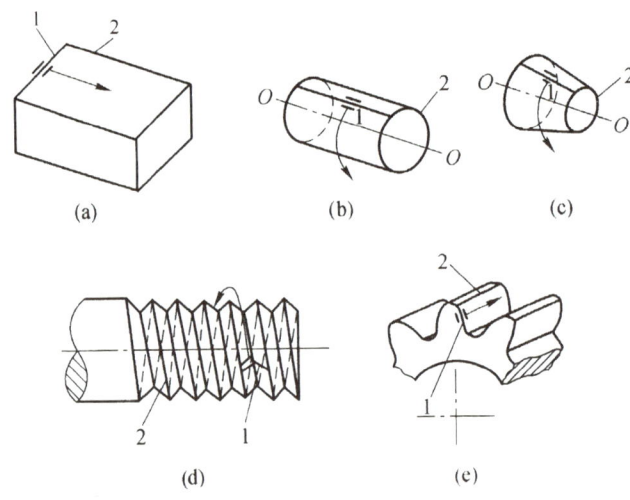

图1-69 零件表面的成形

（二）金属切削机床

1. 概述

金属切削机床是用切削加工的方法将金属毛坯加工成机器零件的工艺装备，它提供刀具和工件之间的相对运动，提供加工过程中所需的动力，经济地完成一定的机械加工工艺过程。在机床上可加工简单的表面，如平面、圆柱面及圆锥面等，也可以加工由复杂的数学方程式描述的表面，或者用图示给定的表面。在机床上可以加工各种金属、非金属材料的工件。

2. 机床的分类

机床的品种和规格繁多,为了便于区别、使用和管理,需对机床进行分类和编制型号。

机床的分类方法,主要按加工性质和使用的刀具进行分类。根据国家制定的机床型号编制方法(GB/T15375—2008),目前将机床共分为十一大类:车床、钻床、镗床、磨床、齿轮加工机床、螺纹加工机床、铣床、刨插床、拉床、锯床及其他机床。在每一类机床中,又按工艺范围、布局形式和结构等,分为若干组,每一组又分为若干个系。

3. 刀具的类型

金属切削刀具是完成切削加工的重要工具,它直接参与切削过程,从工件上切除多余的金属层。因为刀具变化灵活,作用显著,所以它是切削加工中影响生产率、加工质量和成本的最活跃的因素。根据用途和加工方法不同,刀具有如下几大类:

(1)切刀类。包括车刀、刨刀、插刀、镗刀、成形车刀、自动机床和半自动机床用的切刀以及一些专用切刀。一般多为只有一条主切削刃的单刃刀具。

(2)孔加工刀具。是在实体材料上加工出孔或对原有孔扩大孔径(包括提高原有孔的精度和减小表面粗糙度值)的一种刀具。如麻花钻、扩孔钻、锪孔钻、深孔钻、铰刀和镗刀等。

(3)拉刀类。在工件上拉削出各种内、外几何表面的刀具,生产率高,用于大批量生产,刀具成本高。

(4)铣刀类。是一种应用非常广泛的在圆柱或端面具有多齿,多刃的刀具,它可以用来加工平面、各种沟槽、螺旋表面和成形表面等。

(5)螺纹刀具。指加工内、外螺纹表面用的刀具。常用的有丝锥、板牙、螺纹切头、螺纹液压工具以及螺纹车刀等。

(6)齿轮刀具,用于加工齿轮、链轮和花键等齿形的一类刀具。如齿轮滚刀、插齿刀、剃齿刀和花键滚刀等。

(7)磨具类。用于表面精加工和超精加工的刀具。如砂轮、砂带和抛光轮等。

(8)组合刀具、自动线刀具。是根据组合机床和自动线特殊要求设计的专用刀具,可以同时或依次加工若干个表面。

（9）数控机床刀具。刀具配置根据零件的工艺要求而定，有预调装置，快速换刀装置和尺寸补偿系统。

（10）特种加工刀具，如水刀等。

（三）机械加工方法

常用的机械加工方法主要包括车削加工、铣削加工、刨插削加工、钻削加工、铰削加工、镗削加工、拉削加工、磨削加工和齿形加工等。

1. 车削加工

（1）车削加工的典型工艺类型。车削加工是机械加工方法中应用最为广泛的方法之一，是加工轴类、盘套类零件的主要方法。应用车削加工方法可以加工平面和各种回转体内外表面，如内外圆柱面、圆锥面、成形回转表面等。采用特殊的装置或技术后，在车床上还可以车削非圆零件表面，如凸轮、端面螺纹等。借助于标准或专用夹具，还可以完成非回转体零件上的回转体表面的加工。

（2）车削加工的分类。车削的工艺范围很广，按各种车削所能达到的加工精度和表面粗糙度各不相同，可划分为荒车、粗车、半精车、精车和精细车，我们必须按加工对象、生产类型、生产率和加工经济性等方面的要求合理地选择。

（3）车床的主要类型。车床的种类很多，按其结构布置、用途和加工对象的不同，可分为卧式车床、立式车床、转塔、回轮车床、落地车床、数控车床、其它各类专用车床。

2. 铣削加工

（1）铣削加工的应用。铣削加工是应用相切法成形原理，用多刃回转体刀具在铣床上对平面、台阶面、沟槽、成形表面、型腔表面、螺旋表面进行加工的一种切削加工方法，是目前应用最广泛的加工方法之一。

铣削加工时，铣刀的旋转是主运动，铣刀或工件沿坐标方向的直线运动或回转运动是进给运动。不同坐标方向运动的配合联动和不同形状刀具相配合，可以实现不同类型表面的加工。

（2）铣削加工的特点。铣刀的每一个刀齿相当于一把车刀，同时多齿参加切削，就其中一个刀齿而言，其切削加工特点与车削加工基本相同。但就整体刀具的切削过程又有其特殊之处，主要表现在：工艺范围广，铣削加工生产率高，断续切削，容屑和排屑，同一个被加工表面可以采用不同的铣削方式、不同的刀具，来适应不同工件材料和其他切削条件的要求，以提高切削效率和刀具耐用度。

（3）铣床。铣床的类型很多，根据它的结构形式和用途可分为：卧式升降台铣床（简称卧式铣床）、立式升降台铣床（简称立式铣床）、无升降台铣床、龙门铣床、工具铣床、仿形铣床、仪表铣床和各种专门化铣床。随着数控技术的应用，数控铣床和以铣削、镗削为主要功能的铣镗加工中心的应用也越来越普遍。

3. 刨削加工

刨削加工主要用于平面和沟槽加工。刨削可分为粗刨和精刨，精刨后的表面粗糙度 Ra 值可达 $3.2\sim1.6\mu m$，两平面之间的尺寸精度可达 IT9-7，直线度可达 $0.04\sim0.12mm/m$。刨削加工是在刨床上进行的，常用的刨床有牛头刨床和龙门刨床。牛头刨床主要用于加工中小型零件，龙门刨床则用于加工大型零件或同时加工多个中型零件。

4. 插削加工

插削加工可以认为是立式刨削加工。主要用于单件小批生产中加工零件的内表面，例如孔内键槽、方孔、多边形孔和花键孔等。也可以加工某些不便于铣削或刨削的外表面（平面或成形面）其中用得最多的是插削各种盘类零件的内键槽。

插削是在插床上进行的。在插床上加工，工件安装在圆工作台上，插刀装在滑枕的刀架上，滑枕带动刀具在垂直方向的往复直线运动为主切削运动，工作台带动工件沿垂直于主运动方向的间歇运动为进给运动，圆工作台还可绕垂直轴线回转，实现圆周进给和分度。滑枕导轨座可绕水平轴线在前后小范围内调整角度，以便加工斜面和沟槽。插削前需在工件端面上画出键槽加工线，以便对刀和加工，工件用三爪卡盘和四爪卡盘夹持在工作台上，插削速度一般为 $20\sim40m/min$。

5. 钻削、铰削、镗削和拉削加工

钻削、铰削、镗削和拉削加工在机械加工中主要用来进行孔的加工。它是用相应机床在加工实体材料上钻孔和扩大已有的孔，并达到一定技术要求的加工方法。

（1）孔的种类。内孔表面也是零件上的主要表面之一，根据零件在机械产品中的作用不同，不同结构的内孔有不同的精度和表面质量要求。按照孔与其他零件的相对连接关系的不同，可分为配合孔与非配合孔；按其几何特征的不同。可分为通孔、盲孔、阶梯孔和锥孔等；按其几何形状不同，可分为圆孔、非圆孔等。

（2）孔的加工方法。在机械加工中，根据孔的结构和技术要求的不同，可采用不同的加工方法，这些方法归纳起来可以分为两类：一类是对实体工件进行孔加工，即从实体上加工出孔；另一类是对已有的孔进行半精加工和精加工，非配合孔一般是采用钻削加工，在实体工件上直接把孔钻出来；对于配合孔则需要在钻孔的基础上，根据被加工孔的精度和表面质量要求，采用铰削、镗削、拉削及磨削等精加工的方法作进一步的加工。铰削、镗削是对已有孔进行精加工的典型切削加工方法。要实现对孔的精密加工，主要的加工方法就是磨削。当孔的表面质量要求很高时，还需要采用精细镗、研磨、珩磨及滚压等表面光整加工方法；对非圆孔的加工则需要采用插削、拉削以及特种加工方法。

（3）钻削加工。钻削加工是用钻头或扩孔钻在工件上加工孔的方法。其中用钻头在实体材料上加工孔的方法称为钻孔。钻孔在机械制造中占有较大的比重，因受钻头结构和切削条件的限制，加工孔的质量不高，故用于孔的粗加工。

钻床是装有刀具的主轴作旋转并作轴向移动的孔加工机床。主轴旋转是主运动，主轴的轴向移动为进给运动，适用于工件不宜作旋转运动的孔加工。钻床的主参数是最大的钻孔直径。钻床主要是用钻头的实体材料上钻孔，还可以进行扩孔、铰孔、功螺纹、锪沉头孔和锪端面等。钻床主要分为立式钻床、台式钻床、摇臂钻床、深孔钻床、数控钻床和其他钻床。

（4）铰削加工。铰削加工是对中小型孔（一般 $d<40mm$）进行半精加工和精加工的方法。一般是在钻床、车床和镗床上进行。铰削时用铰刀从工件的孔壁上切除微量金属层，使被加工孔的精度和表面质量得到提高。在铰孔之前，被加工孔一般需经过钻孔或钻、扩孔加工。铰削加工后孔的公差等级一般为IT9 — IT7，表面粗糙度为 $0.63\mu m < Ra \leq 5\mu m$。

铰削过程的特点：铰削适宜于单件小批量的小孔和锥度孔的加工，也适宜于大批大量生产中不宜拉削孔（圆锥孔）的加工。钻—扩—铰工艺是中等尺寸，公差等级为IT7孔的典型加工方法。

（5）镗削加工。镗削加工是指在镗床上进行的加工，镗床的加工范围很广，镗孔是镗床重要工作。镗床镗孔精度可以从IT11到IT7，甚至可以达到IT6，表面粗糙度为Ra从 $80\mu m$ 到 $0.63\mu m$，甚至更小。

（6）拉削加工。拉削是一种高效率的加工方法。拉削可以加工各种截面形状的内孔表面及一定形状的外表面。拉削的孔径一般为 8~125mm，孔的深径比一般不超过5。拉削不能加工台阶孔和盲孔。由于拉床工作的特点，复杂形状零件的孔（如箱体上的孔）也不宜进行拉削。

（7）磨削加工。磨削加工是用磨具（如砂轮）以较高的线速度对工件表面进行精加工和超精加工的切削加工方法，常见的磨削加工方式有外圆磨削、内圆磨削、平面磨削、成形磨削、齿轮磨削和螺纹磨削。在磨床上采用各种类型的磨具为工具，它可以完成内外圆柱面、平面、螺旋面、花键、齿轮、导轨和成形面等各种表面的精加工。它除能磨削普通材料外，尤其适用于一般刀具难以切削的高硬度材料的加工，如淬硬钢、硬质合金和各种宝石等。磨削加工精度可达 IT6-4，表面粗糙度 Ra 值可达 $1.25\sim0.02\mu m$。

磨削主要用于零件的精加工，目前也可以用于零件的粗加工甚至毛坯的去皮加工，可获得很高生产率。除了用各种类型的砂轮进行磨削加工外，还可采用做成条状，块状（刚性的）、带状（柔性的）磨具或用松散的磨料进行磨削。加工方法主要有珩磨、砂带磨、研磨和抛光等。

磨削加工类型：根据工件被加工表面的形状和砂轮与工件的相对运动，磨削加工有外圆磨削、内圆磨削、平面磨削、无心磨削等几种主要加工类型。此外，还可对凸轮、螺纹和齿轮等零件进行磨削。

先进磨削技术：随着机械产品精度、可靠性和寿命的要求不断提高，高硬度、高强度、高耐磨性、高功能性的新型材料的应用增多，给磨削加工提出了许多新问题，亟待解决。诸如材料的磨削加工性及表面完整性、超精密磨削、高效磨削和磨削自动化等问题。当前，磨削加工技术正朝着使用超硬磨料磨具，开发精密及超精密磨削，高速、高效磨削工艺及研制高精度、高刚度的自动化磨床方向发展。

精密磨削是指加工精度为 $1\sim0.1\mu m$，表面粗糙度达到 $0.2\sim0.01\mu m$ 的磨削方法。

6. 齿轮加工

（1）概述。齿形加工指的是具有各种齿形形状的零件的加工。在机械产品中，齿形零件主要有：各种内外圆柱齿轮、圆锥齿轮、蜗轮、蜗杆、圆弧齿、摆线齿轮以及各种齿形的花键、链轮等。其中以渐开线齿轮的应用最为广泛。

（2）齿轮的结构特点。齿轮尽管由于它们在机器中的功用不同而设计成不同的形状和尺寸，但它们都可以分为齿圈和轮体两个部分组成。在齿圈上切出直齿、斜齿等齿面，而在轮体上有孔或带有轴。轮体的结构形状直接影响齿轮结构工艺的制定。因此齿轮的分类可根据齿轮轮体的结构形来划分。常见的圆柱齿轮可分为：盘类齿轮、套类齿轮、内齿轮、轴类齿轮、扇形齿轮、齿条。其中盘类齿轮应用最为广泛。一个圆柱齿轮可以有一个或多个齿圈。通常单齿圈齿轮的工艺性最好。

（3）齿形的加工方法。齿形的加工方法可分为无切削加工和切削加工两类：

无切削加工。主要有铸造、热轧、冷挤和注塑的方法。这些方法都具有生产率高、材料消耗小和成本低等优点。

切削加工。对于有较高传动精度要求的齿轮来说，切削加工仍是目前主要的加工方法。通常齿轮要经过齿面的切削加工和齿面的磨削加工来获取所需的齿轮精度，前者加工效率高，也有较高的加工精度，属于粗加工和半精加工，后者属于精加工。根据加工装备的不同，齿轮的切削加工有铣齿、滚齿、插齿、刨齿、磨齿、剃齿和珩齿等多种方法。

八、焊接

（一）概述

焊接是通过加热或加压，或者两者并用，以及用或不用填充材料，使工件达到结合的一种方法。其实质是通过适当的物理/化学过程，使两个分离表面的金属原子接近到晶格距离（0.3~0.5mm）形成金属键，从而使两金属连接为一体的过程。焊接主要分为熔化焊、压力焊和钎焊三大类。

（二）焊接的主要特点

（1）节省材料，减轻重量。

（2）简化复杂零件和大型零件的制造过程。焊接方法灵活，可化大为小，以简拼繁，加工快，工时少，生产周期短。

（3）适应性强。

（4）满足特殊连接要求。

（5）降低劳动强度，改善劳动条件。

（三）手工电弧焊

手工电弧焊是熔化焊中最基本的一种焊接方法。它利用电弧产生的热熔化被焊金属，使之形成永久结合。由于它所用设备简单、操作灵活，可以对不同的焊接位置、不同的接头形式的焊缝方便地进行焊接，因此是目前应用最为广泛也最容易掌握的焊接方法。

手工电弧焊按电极材料的不同可分为熔化极手工电弧焊和非熔化极手工电弧

焊。后者如手工钨极气体保护焊。熔化极手工电弧焊是以金属焊条作电极，电弧在焊条端部和母材料表面燃烧的方法。

（四）埋弧自动焊

埋弧焊（SAW）又称焊剂层下电弧焊。它是通过保持在光焊丝和工件之间的电弧将金属加热，和被焊件之间形成刚性连接。按自动化程度不同，埋弧焊分为半自动焊（移动电弧是手工操作）和自动焊，此处埋弧焊是指埋弧自动焊，半自动焊已基本上被气体保护焊所代替。

（五）气体保护电弧焊

气体保护电弧焊是指用外加气体作为电弧和焊接区的电弧焊。气体保护焊是明弧焊接，焊接时便于监视焊接过程，故操作方便，可实现全位置自动焊接，焊后不用清渣，可节省大量辅助时间，生产效率高。另外，由于保护气体对电弧有冷却压缩作用，电弧热量集中，因而焊接热影响区域窄，工件变形小，特别适合于薄板焊接。气体电弧焊主要有氩弧焊、二氧气化碳气体保护焊等。其中氩弧焊又分为钨极氩弧焊（TTG焊）和熔化极氩弧焊（MIG焊）。

（六）气焊和气割

1. 气焊

是利用气体火焰作为热源的焊接方法。最常用的是氧/乙炔焊，利用氧/乙炔焰进行焊接。乙炔和氧气在焊炬中混合均匀后从焊嘴喷出燃烧，将焊件和焊丝熔化形成熔池，冷却凝固后形成焊缝。气焊设备简单、操作灵活方便、不需电源，但气焊火焰温度较低，且热量较分散，生产率低，工件变形大，所以应用不如电弧焊广泛。

2. 气割

是利用高温的金属在纯氧中燃烧而将工件分离的加工方法。气割使用的气体和借据装置可与气焊通用。气割时，先用氧气/乙炔焰将金属加热到燃点，然后打开切割氧阀门，放出一股纯氧气流，使高温金属燃烧。燃烧后生成的液体熔渣，被高压氧流吹走，形成切口，从而将金属切断。

（七）电渣焊

电渣焊是利用电流通过液态熔渣时所产生的电阻热熔化母材和填充金属进行焊接的方法。它与电弧焊不同，除引弧外，焊接过程不产生电弧。

（八）等离子弧焊

等离子弧焊是在钨极与工件之间加一高压，经高频振荡器的激发，使气体电离形成电弧，电弧通过细孔喷嘴时，弧柱截面缩小，产生机械压缩，向喷嘴内通入调整保护气流（如氩气、氮气等），此冷气流均匀地包围着电弧，使弧柱外围受到强烈冷却，于是弧柱截面进一步缩小，产生热压缩效应，从而达到焊接的目的。等离子弧焊具有能量集中、穿透能力强、电弧稳定等优点。

（九）压焊与钎焊

1. 压焊

利用加压（或同时加热）的方法使工作结合面紧密接触并产生一定的塑性变形，借助原子之间的结合力将它们牢固地连接起来，这类焊接称为压力焊。根据加热和加压的方式不同，压力焊又分为电阻焊、摩擦焊、超声波焊、扩散焊和爆炸焊等。

（1）电阻焊。是利用电流通过焊件及其接触面产生的电阻热作热源，将焊件局部加热到塑性或熔融状态，然后在压力下形成焊接接头的一种焊接方法。

（2）摩擦焊　是利用两工作端面之间的相互摩擦产生的热量将工件接合端加热到塑性状态后，在压力的作业下使它们连接起来的一种压力焊方法。

2. 钎焊

通过加热使被焊工件接头处温度升高，但不熔化，同时使熔点较低的钎料熔化并渗入到被焊工件的间隙之中，通过原子扩散相互溶解，冷却凝固后将两工件连接起来的一类方法。与一般焊接方法相比，钎焊的加热温度较低，焊件的应力和变形较小，对材料的组织和性能影响很少，易于保证焊件尺寸。

九、热处理

金属材料

1. 概述

材料是人类生产和生活所必需的物质基础。工程材料是指工程上使用的材料。按化学成分、结合键的特点材料可分为金属材料、非金属材料和复合材料三大类。机器的性能和寿命除了取决于机械的结构、设备及其使用与维护外处，还取决于其所用材料的基本性能是否与其使用要求和使用条件相适宜。

2. 金属材料的力学性能

金属材料在各种不同形式的载荷作用下所表现出来的特性叫做力学性能,也称为机械性能。力学性能的主要指标有强度、塑性、硬度、韧性和疲劳强度等。若载荷的大小不变或变动很慢,则称为静载荷。金属材料的强度、塑性是在静载荷作用下测定的。

(1)强度:金属材料在静载荷作用下抵抗变形和断裂的能力。由于所受载荷的形式不同,金属材料的强度可分为抗拉强度、抗压强度、抗扭强度、抗剪强度等。

强度指标是用应力值来表示的。根据力学原理,试样受到载荷作用则在内部产生大小与载荷相等而方向相反的抗力(即内力)。单位截面积上的内力,称为应力,用符号 σ 表示。金属材料的三个主要强度指标是弹性极限、屈服强度、抗拉强度。

(2)弹性极限:

金属材料能保持弹性变形的最大应力,用 σe 表示,单位 MPa。

(3)屈服强度:

使材料产生屈服现象时的最小应力,用 σs 表示,单位 MPa。

(4)抗拉强度:试样断裂前所能承受的最大应力,用 σb 表示,单位 MPa。

(5)塑性:金属发生塑性变形而不被破坏的能力称为塑性。在拉伸时它们分别为伸长率与断面收缩率。

① 伸长率:试样拉伸断裂时的绝对伸长量与原始长度比值的百分率,用符号 δ 表示。

② 断面收缩率:试样拉断后,试样的断口处断面缩小的面积与原始横截面积值的百分率,用符号 ψ 表示。

(6)硬度:是指金属表面上局部体积内抵抗弹性变形、塑性变形或抵抗压痕划伤的能力。常用的硬度实验方法有布氏硬度、洛氏硬度和维氏硬度三种。

(7)韧性。是指金属材料在断裂前吸收变形能量的能力。它主要反映金属抵抗冲击抗力而不断裂的能力。

(8)疲劳强度。有许多机件(如冷冲模、齿轮、弹簧等)是在交变应力(指应力大小、方向或大小和方向都随着时间作周期性变化)作用下工作的,零件工作时所承受的应力通常都低于材料的屈服强度。机件在这种交变载荷作用下经过长时间工作也会被破坏,通常这种破坏现象叫做金属的疲劳。材料在无数次交变载荷作用下也不被破坏的最大应力值称为疲劳强度，疲劳强度用 σ_{-1} 表示。对钢材来说，当循环次数 N 达到 107 周次或更多周次不被破坏的最大应力定为疲劳强度，对有色金属，应力循环次数一般需要达到 108 或更多周次，才能确定其疲劳强度。

3. 钢的热处理

钢的热处理是将钢在固态下加热、保温和冷却，以改变其整体或表面组织，从而获得所需性能的一种工艺方法。热处理可以保证和提高零件各种性能，如耐磨性、耐腐蚀等；可以改善毛坯的组织和应力状态，以利于各种冷热加工；还可以延长零件的使用寿命，因此是强化材料的重要工艺途径之一。在现代机床工业和汽车制造业中，60%~70% 的零件要经过热处理；而在各种工具、模具制造中，几乎 100% 都要进行热处理。

根据热处理的目的、要求和工艺方法不同，钢的热处理分为普通热处理（如退火、正火、淬火、回火）、表面热处理（表面淬火：如感应淬火或火焰淬火；化学热处理：如渗碳或渗氮）。

（1）钢在加热及冷却时的组织转变。

——热处理对钢加热的目的是使组织全部或大部分转变为细小的奥氏体晶粒，这种转变叫奥氏体化。

——如 45 号钢经 840 摄氏度加热（形成奥氏体）并保温（奥氏体晶粒不断长大）后，如在空气中冷却，其表面硬度小于等于 209HBW，如在油中冷却，其表面硬度小于等于 45HRC 左右，如在水中冷却，其表面硬度小于等于 55HRC 左右。

（2）钢的退火、正火、淬火、回火。

——退火：把钢加热到适当温度，保持一定的时间，然后缓慢冷却的热处理工艺。退火的主要特点是钢在回热、保温后，冷却缓慢，通常随炉冷却。一般退火属于半成品热处理，也称预备热处理，它往往安排在锻造或铸造之后，切削加工之前。根据退火目的和工艺特点不同常见的退火方法有完全退火、球化退火、去应力退火和再结晶退火。

——正火：将钢加热到亚共析钢、过共析钢理论单相奥氏体临界温度 30℃~50℃以上（加温时实际单相奥氏体临界温度），保温后在空气中冷却的热处理工艺。正火的主要特点是钢在加热、保温后，在空气中冷却，冷却速度较炉冷快。正火的目的是细化晶粒（韧性可显著改善）、调整硬度（提高低碳钢硬度以改善其切削加工性）、消除网状渗碳体，为淬火、球化退火等作好组织准备。正火钢件的强度和硬度比退火钢件高，对于一些性能要求不高的零件，正火可作为最终热处理。

——淬火：将钢加热到共析钢、亚共析钢理论单相奥氏体临界温度以上某一温度，保温后以大于临界冷却速度的冷速急剧冷却，获得以高硬度马氏体为主的不稳定组织的热处理工艺。淬火的目的一是提高零件的机械性能（如提高工具、轴承的硬度和耐磨性），二是改善某些特殊钢的通用性（如提高不锈钢的耐蚀性）。

——回火：将共析钢加热到共析钢实际加温单相奥氏体临界温度点以下某一温度，保温后冷却到室温的热处理工艺。回火的目的是降低或消除淬火内应力，提高材料的塑性，提高尺寸稳定性，获得所需的使用性能。

（3）钢的表面处理方法。表面热处理分两类：一是只改变组织结构而不改变化学成分（即将钢件的表面层淬透到一定深度，而心部仍保持未淬火状态）的热处理工艺叫表面淬火；二是改变化学成分的同时又改变组织结构（将工件置于一定温度的活性介质中保温，使一种或几种元素渗入其表面层，以改变表面层的化学成分、组织和性能）的热处理工艺，叫化学热处理。

4. 碳素钢

碳素钢简称碳钢，是指含碳量小于 2.11% 并含少量硅、锰、硫、磷等杂质元素的铁碳合金。

碳素钢按用途分碳素结构钢、碳素工具钢；按质量分普通碳素钢（含磷量小于等于 0.05% 含硫量 0.045%）、优质碳素钢（含磷量小于等于 0.035% 含硫量 0.035%）和高级优质碳素钢（含磷量小于等于 0.030% 含硫量 0.030%）；按钢水脱氧程度分为镇静钢（脱氧较完全，成分和性能较均匀，组织致密，应用广泛）、沸腾钢（脱氧不完全，成分和性能不均匀，但成本较低）和半镇静钢（脱氧程度介于以上两种钢之间）。

5. 合金钢

为了改善钢的组织与性能，有意识地在碳钢中加入某些合金元素所获得的钢种。合金钢中常用的合金元素有锰、硅、铬、镍、钼、钨、钡、钛、铌、锆等元素。

6. 铸铁

含碳量大于 2.11%（一般为 2.5%~5%）并含有硅、锰、硫、磷等元素的铁碳合金。

——灰铸铁：碳大部分以片状石墨形式出现的铸铁，因断口呈灰色，称变灰铸铁。

——可锻铸铁：又称马铁，它是用具有一定含碳、硅量的白口铸铁，经过石墨化退火获得。

——球墨铸铁：采用普通灰口铸铁的原料熔化后经球化处理获得的。球化处理是在铁水出炉后、浇注前，向铁水中加入适量球化剂和墨化剂，促进碳呈球状石墨析出。

7. 有色金属

金属材料通常分为黑色金属和有色金属两大类。黑色金属包括铁、铬、锰，工业中主要是指铁及其合金。而黑色金属以外的所有金属则为有色金属（非铁金属材料），如金、银、铝、铜、锡等都是有色金属。

8. 硬质合金和超硬刀具材料

硬质合金是用一个种或几种难熔的金属碳化物与金属粘结剂在高压下成形并在高温下烧结而成的粉末冶金材料。它是制造金属切削刀的重要材料。超硬刀具材料包括金刚石和立方氮化硼（在高温高压下由六方晶体的氮化硼——又称白石墨——转化而成）。

9. 陶瓷材料

陶瓷是指以天然硅酸盐（黏土、石英、长石等）或人工合成化合物（氮化物、氧化物、碳化物等）为原料，经过制粉、配料、成型、高温烧结而成的无机非金属材料。

十、表面加工（处理）技术

（一）概述

通过表面处理可以提高材料抵御环境作用的能力，赋予材料表面某种功能特性。表面处理包括通过各种涂层技术（如电镀、电刷镀、化学镀、涂装、粘结、堆焊、熔结、热喷涂、塑料粉末涂敷、电火花涂敷、热浸镀、搪瓷涂敷、真空蒸镀、溅射镀、离子镀、化学气相沉积、分子束外延制膜、离子束合成薄膜技术等）在材料表面施加各种覆盖层，或用机械、物理、化学等方法等表面改性技术（如喷丸强化、表面热处理、化学热处理、等离子扩渗处理、激光表面处理、电子束表面处理、高密度太阳能表面处理、离子注入表面改性等）改变材料表面的形貌、化学成分、相组织、微观结构、缺陷状态或应力状态，以提高材料或工件表面质量的加工技术。

（二）表面涂层技术

1. 电镀（电镀锌、冷镀）

电镀即电镀锌，也叫冷镀锌，是利用电解设备将具有导电表面的工件或材料经过除油、酸洗后放入成分为锌盐的溶液中与电解质溶液接触，并连接电解设备的负极；在工件的对面放置锌板连接在电解设备的正极，接通电源，通过外电流的作用，利用电流从正极向负极的定向移动，在工件材料表面上沉积与基体牢固结合的镀覆层的一种工艺技术。

冷镀锌外表比较光滑、明亮、均匀、平整，采用彩色钝化工艺的电镀层以黄绿色为主色，呈七彩。采用白色钝化工艺的电镀层呈青白色或白色呈绿光，白色钝化工艺的镀层与阳光呈一定角度下略显七彩。冷镀钢钢管内只有两端有少许锌层，再往里没有镀锌层，冷镀锌钢管两端一样光滑，绝对没有锌瘤产生，且钢管外表没有执行标准。在复杂工件的角棱部位容易产生"电烧"而成灰暗，该部位锌层较厚。在阴角部位易形成电流死角而产生欠电流灰暗区，该区域锌层较薄。工件整体无锌瘤、结块等现象。

2. 热浸镀（热浸镀锌）

热浸镀即热浸镀锌，简称热镀，是把被镀件放入熔融的金属液中，使其表面形成镀层的一种工艺技术，是将工件或材料经除油、酸洗、浸药、烘干后浸入溶化的锌液里一定时间，提出来的一种表面涂层技术。

热镀锌外观与冷镀锌相比，颜色较暗，略微显粗糙，没有冷镀锌光滑，外观呈银白色，容易产生工艺水纹和少许滴瘤，尤其是在工件的一端较为明显，且表面不发亮，不太反光。热镀锌钢管的两端有蓝色油墨印的箍，通体有执行标准和规格型号。在热镀锌钢管的一端有锌针或少许瘤挂，内外都有完整的镀锌层。

3. 喷油漆

油漆不仅有极好的防护功能，还经常用于金属表面装饰。按干燥方式可分为自干漆、烘干漆，按使用层次可分为底漆、中层漆、面漆，按光泽可分为无光、平光、亚光（半光）。

——防护漆：喷油漆法是将油漆覆在金属表面，隔开周围介质与金属的接触达到防腐蚀的方法。批量不大时，也可用涂或刷的方法将漆覆盖在金属表面。

——装饰漆：装饰漆是一种用途广泛的工业用漆。其漆膜有锤纹、起皱、开裂、凹凸等各种美丽花纹。

4. 堆焊

在金属零件表面或边缘，熔焊上耐磨、耐蚀或特殊性能的金属层的一种工艺技术。

5. 涂装

用一定的方法将涂料涂敷于工件或材料表面而形成涂膜的一种工艺技术。

6. 热喷涂

将金属、合金、金属陶瓷及陶瓷材料加热到熔融或部分熔融，以高的动能使其雾化成微粒并喷至工作或材料表面，形成牢固的镀覆层的一种工艺技术。

7. 电火花涂敷

通过电极材料与金属零件表面的火花放电作用，把作为火花放电电极的导电材料（如 WC、TiC）熔渗于工件表层，从而形成含电极材料的合金化涂层的一种工艺技术。

8. 陶瓷涂敷

用一定的方法在高温下将以氧化物、碳化物、硅化物、硼化物、氮化物、金属陶瓷和其他无机物为基体的材料喷涂到工件表面形成功能涂层的一种工艺技术。

9. 真空蒸镀

用一定的方法加热，使镀膜材料蒸发或升华，飞至工件表面凝聚成镀层或功能性镀层的一种工艺技术。

（三）表面改性技术

1. 喷丸强化

又称受控喷丸。弹丸在很高速度下撞击受喷材料或工件表面，使其表面具有预期的表面形貌、表层组织结构和残余应力场，从而大幅度地提高疲劳强度和抗应力、抗腐蚀等能力的一种工艺技术。

2. 表面热处理（淬火）

只改变组织结构而不改变化学成分（即将钢件的表面层淬透到一定深度，而心部仍保持未淬火状态）的热处理工艺叫表面淬火。即通过感应加热表面淬火、火焰加热表面淬火、接触电阻加热淬火、电解液淬火、激光热处理和电子束加热热处理等表面处理方法对工件或材料表层进行热处理的一种工艺技术。

3. 化学热处理

将金属或合金工件置于一定温度的活性介质中保温，使一种或几种元素渗入到工件或材料的表层,以改变其化学成分、组织和性能的一种热处理工艺技术。即改变化学成分的同时又改变组织结构的热处理工艺。按渗入的元素可分为渗碳、渗氮、碳氮共渗、渗硼和渗金属等。渗入元素介质可以是固体、液体和气体。

4. 等离子扩散处理（PDT）

又称离子轰击热处理,是指在压力低于0.1MPa的特定气氛中利用工件（阴极）和阳极之间产生的辉光放电进行热处理的一种工艺技术。主要有离子渗氮、离子渗碳和离子碳氮共渗等。

5. 离子注入表面改性

将所需的气体或固体蒸汽在真空系统中离子化,引出离子束后,用数千电子伏至数百电子伏加速直接注入材料,达到一定深度,从而改变表面的成分和结构,达到改善性能的一种工艺技术。

（四）其他表面技术

1. 氧化处理

是将钢铁制件放入氧化性溶液中,使钢铁表面形成以四氧化三铁为主的氧化物,颜色呈亮蓝色到亮黑色的一种工艺技术。又称"发蓝"或"发黑"处理。

2. 磷化处理

是将钢铁制件放入含磷酸盐的氧化液中,使表面形成不溶解的磷酸盐保护膜的一种工艺技术。

3. 阳极氧化

将具有导电表面的工件放入电解质溶液中,并且作为阳极,在外电流作用下形成氧化膜的一种工艺技术。

4. 化学氧化

是将铝制件放入铬酸盐的碱性溶液或铬酸盐、磷酸和氟化物的酸性溶液进行化学反应,使铝或铝合金表面形成氧化物的一种工艺技术。

十一、其他加工方法

（一）工程塑料的成形

1. 概述

按塑料受热后的性质可将其分为热塑性和热固性塑料。热塑性塑料的特点是受热时软化并熔融,成为可流动的黏稠液体,冷却后便宜固化成形,这一过程可反复进行研究。热固性塑料的特点是在一定的温度下能软化或熔融,冷却后便固化（或加入固化剂）成形。一旦成形后，便不能溶解于溶剂中；再度加热，不会再度熔融，温度再高时只有分解而不是软化。所以热固性塑料只能塑制一次。

塑料制品的生产主要由成形、机械加工、修配和装配等过程组成。

2．挤出成形

挤出成形亦称挤塑。主要用于热塑性塑件成形。

挤出成形按挤出机的压力方式不同可分为连续式（螺杆式）和间歇式（柱塞式）两种。螺杆式挤出机是借助螺杆旋转产生的压力和剪切力，与加热滚筒共同作用使物料充分熔融、塑化并均匀混合，通过机头处口模具有一定截面形状的间隙并经冷却定型而成形；柱塞式挤出机主要借助柱塞压力，将事先塑化好的物料挤出口模成形。

3．注射成形

注射成形也称注塑，是利用注塑机的螺杆或活塞，使料筒内的塑化熔融的塑料，经喷嘴、浇注系统，注入闭合的模具型具型腔而固化成形。

4．模压成形

模压成形也称压塑，主要用于热固性塑料的成形。将原料倒入已加热的模具形腔内，通过压机给模具加压，塑料在模腔内加热塑化（融化）流动并在压力下充满模腔，同时发生化学反应而固化，得到塑料制品。

5．吹塑成形

吹塑成形也称中空成形，属于塑料的二次加工，是制造空心塑料制品的方法。吹塑生产过程是先用挤塑、注塑等方法制成管状型坯，然后把保持适当温度的型坯置于对开的模腔中，将压缩空气通入其中将其吹胀，紧贴于阴模内壁，两半阴模构成的空间形状即制成品形状。

6．压注成形

压注成形（注射压制）是注射和压制法相结合的工艺，主要用于成形热固性塑料。它先将在加料腔内受热塑化熔融的塑料，经过浇注系统，压入被加热的闭合型腔内，当熔料进入模腔时，模具有其压力作用下打开少许，当熔料充满模腔后，再相当于压制法，用高压合紧模具制得所需的制品。

（二）快速成形技术

1．概述

快速成形（RP）是20世纪90年代发展起来的应用于制造业的高新技术。它为制造工业开辟了一种全新的制造途径，不用刀具而制造各种零部件。其本质是用积分法通过材料逐层添加直接制造三维护实体。

2.分类

按原料种类可分为固相法、液相法、气相法以及固/气相法四类。

（1）固相法。按工艺和材料不同分为选区烧结（粉末材料）、片层添加（薄片材料）、选区粘结（粉末材料加添加剂）和选区挤塑（丝状热敏材料）四种。

（2）液相法。光敏液相固化（光敏固化高分子材料）。

（3）气相法。选区沉积（气体原料）。

（4）固/气相法。选区反应烧结（气体+粉末材料）。

（三）精密加工技术

1.精密加工和超精密加工范畴

机械加工可分为一般加工、精密加工与超精密加工。

精密加工是指在一定的发展时期，加工精度和表面质量达到较高程度的加工工艺。

超精密加工是指加工精度和表面质量超过当时执行的公差标准中最高程度的加工工艺。

2.三种加工的精度及应用

（1）一般加工。一般加工的工件加工精度在 $9\mu m$ 左右，相当于IT5-IT7级精度，表面粗糙度 $R\alpha=0.2-0.8\mu m$ 的加工方法。适用于汽车制造、拖拉机制造和机床制造等制造行业。

（2）精密加工。指工件加工精度在 $1-0.1\mu m$，相当于IT5级精度和IT5级精度以上，表面粗糙度 $R\alpha=0.1\mu m$ 以下的加工方法。适用于精密机床、精密测量仪器等制造业中的关键零件加工，如精密丝杆、精密齿轮、精密蜗轮、精密导轨和精密轴承等。

（3）超精密加工。指工件加工精度高于 $0.1\mu m$，表面粗糙度小于 $R\alpha=0.025\mu m$ 的加工方法。它用于精密元件制造，如大规模和超大规模集成电路制造和计量标准元件制造等方面。目前，超精密加工的水平已达到纳米级，甚至向更高水平发展。它是国家制造工业水平的重要标志之一。

（四）常用光整加工方法

光整加工的方法有高精度磨削、珩磨、超精加工、研磨、滚压、抛光等。

1. 珩磨

是利用珩磨工具对工件表面施加一定压力，珩磨工具同时作相对旋转和直线往复运动，切除工件上极小余量的一种光整加工方法。

2. 超精加工

在良好的润滑冷却和较低的压力条件下，用细粒度油石以快而短促的往复振动频率，对低速旋转的工件进行光整加工，它是一种以降低工件表面粗糙度值的简单而高生产率的方法。

3. 研磨

用研磨工具和研磨剂从工件表面上研去一层极薄金属的光整加工方法。除了采用一定的设备进行研磨外，还可以采用简单的工具，如研磨棒、研磨套和研磨平板等对工件表面进行手工研磨。

（五）超精密切削、超精研抛加工

1. 超精密切削

是指用金刚石车刀加工工件表面，获得尺寸精度为 $0.1\mu m$ 数量级和表面粗糙度 $R\alpha$ 值为 $0.01\mu m$ 数量级的一种精密切削方法。

2. 超精研抛加工

是集研磨、抛光和超精加工之特点为一体的复合精密加工方法。

（六）特种加工技术

1. 概述

特种加工：直接利用电、化学、光、声、热等能源或其转化后的能源与机械能的组合等形式来去除工件材料的多余部分，使其达到一定的尺寸精度和表面粗糙度要求的加工方法。根据特种加工所用的能源可将其分为以下6类：

（1）力学加工。应用机械能来进行的加工。如超声波加工、喷射加工和水射流加工等。

（2）电物理加工。利用电能转化为热能、机械能和光能等进行的加工。如电火花成形加工、电火花切削加工、电子束加工和离子束加工等。

（3）电化学加工。利用电能转化为化学能进行的加工。如电解加工、电镀、刷镀、镀膜、和电铸加工等。

（4）激光加工。利用激光光能转化为热能进行的加工。

（5）化学加工。利用化学能或光能等其它能转换为化学能进行的加工。如化学铣削和化学刻蚀（即光刻加工）等。

（6）复合加工。将机械加工和特种加工叠加在一起形成的复合式加工。如电解磨削、超声电解磨削等。最多有 4 种加工方法叠加在一起的复合加工，如超声电火花电解磨削。

2. 几种典型的特种加工方法

（1）电火花加工。在一定的介质中，通过工具电极和工件电极之间脉冲放电产生高温将金属蚀除的作用而进行的加工一种方法。

（2）激光加工。利用激光受激辐射而增强的特点，将高功率的激光束通过透镜聚焦时光束能量高度集中在小光点上，将工件材料加热致瞬间高温，使部分材料熔化或者蒸发，从而达到加工的一种方法。

（3）电解加工。在通电的情况下，用金属阳极的电解液中产生溶解的电化学原理，对金属材料进行加工的一种方法。

（4）超声波加工。利用产生超声振动的工具，带动由水和磨料组成的悬浮液，冲击和抛磨工件的被加工部位，使其局部材料破坏而成粉末，以进行穿孔、切割和研磨等加工的一种方法。

（5）电子束加工。利用电子束的化学效应（功率密度相对较低的电子束照射高分子材料时，由于入射电子与高分子新旧碰撞而使其分子链切断或重新的聚合，从而使高分子材料的分子量和化学性质发生变化）、热效应（在真空条件下，调整电子束经电磁透镜聚焦后轰击工作表面，在袭击处形成局部高温，使材料瞬时熔化、汽化后被喷射去除）来实现加工的一种方法。

（6）离子束加工。在真空中利用氩离子或其他离子所带能量 10kev 数量级的惰性气体离子，在电场中加速，以其动能轰击工件表面而进行加工的一种方法。又称为"溅射"。离子束加工可以分为去除加工、镀膜加工及注入加工。

（7）水射流加工。利用水或加入添加剂的水液体，经水泵至贮液蓄能器使高压液体流动平稳，再经增压器增压至 700~400MPa 后，由人造蓝宝石喷嘴形成 300~900m/s 的高速液体射流束，喷射到工作表面，从而达到去除材料的一种方法。

第四节 农机发展前沿技术

一、拖拉机负载换挡技术

拖拉机负载换挡技术能够在拖拉机带负载工作时不切断动力而换挡的技术。

带负载换挡的"负载",指拖拉机作业时牵引负荷、液压提升装置提升负荷、液压助力转向负荷、动力输出轴(PTO)负荷和液压输出负荷等。

负载换挡的主要工作部件为负载换挡(即动力换挡、或功率流不中断换挡)变速器,工作原理如图 1-70。X、Y 为换挡离合器,Z1、Z2 和 Z3、Z4 为两对常啮合齿轮,n_1、n_2 分别为输入轴转速和输出轴转速。X 和 Y 均分离时为空挡;X 接合 Y 分离时为低挡;Y 接合 X 分离时为高挡。

负载换挡系统组成如图 1-71 所示。

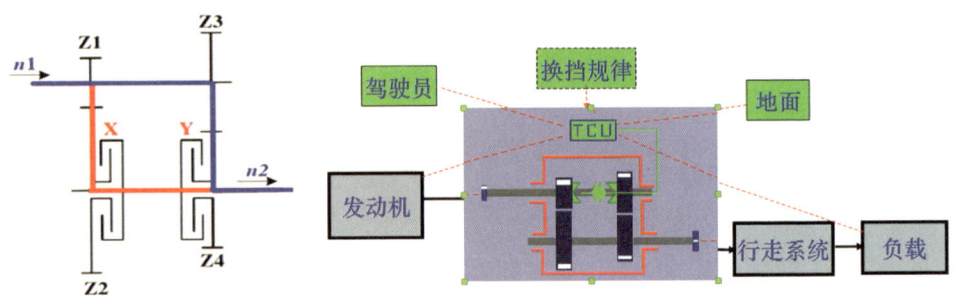

图 1-70 负载换挡变速原理　　　　图 1-71 负载换档系统组成

变速器计算机控制系统(TCU)的控制下自动换挡的,工作过程如下。

(1)计算机控制系统(TCU)采集发动机油门位置和输出转速大小信号;

(2)根据发动机输出特性,确定发动机的输出功率、输出转矩和工作点;

(3)依据驾驶员的设定,控制器内置的调速和换档策略,自动连续改变变速器的传动比,从而改变行车速度和发动机的负载大小,保证发动机工作在最佳动力性或最佳燃油消耗率状态。

动力换挡有如下优点。

(1)自动换挡,换挡平稳,动力不中断,拖拉机负载能力强。

(2)实现多挡变速,大功率拖拉机挡位多(>12+8 挡)。

(3)根据最佳换挡规律换挡,提高拖拉机的燃料经济性、动力性、乘坐舒适性。

(4)驾驶员关注作业,提高作业质量和生产率。

(5)减轻驾驶员劳动强度,保证安全行驶。

二、静液压传动技术

液压泵与液压马达组成闭式回路的传动，称为静压传动。静液压传动装置是一种整体式无级变速装置，由液压油泵、液压马达、控制阀等组成（如图1-72），用来在发动机与驱动轮之间传递动力。工作原理是发动机驱动油泵使系统内工作油升压，压力油通往管路、各种控制元件和液压马达。

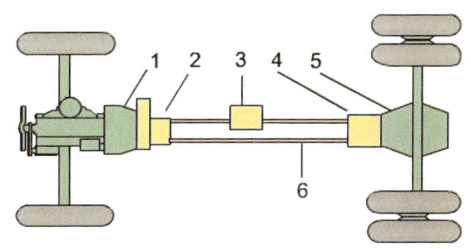

图1-72 拖拉机静液压传动原理
1.离合器 2.液压油泵 3.控制阀 4.液压马达
5.驱动桥 6.油管

液压马达将工作油压转变为转矩驱动拖拉机的驱动桥或驱动车轮。静液压传动在拖拉机、联合收割机等农业机械上都有应用。

静液压传动分为用液压马达驱动驱动桥和直接驱动车轮两种。第一种形式为发动机动力通过液压马达传至驱动桥，随后驱动车辆前进，图1-72为这种形式。第二种形式为发动机动力通过液压马达直接驱动车辆前进，多用于履带式行走机构。

静液压传动优点。

（1）体积小、质量轻。

（2）可以实现无级变速并且变速范围大，可以实现微动。

（3）安装布局灵活，易于改变传动系形态，可供更合理布局，扩大功能，减小外形尺寸。

（4）可以利用液压传动系统实现制动。

（5）操作简单，驾驶员劳动强度低。

（6）静液压传动可低速带载启动，发动机低转速工作不熄火。

静液压传动缺点如下。

（1）静液式传动的结构相比与其他的结构相比较为复杂。

（2）静液式传动的成本或造价较高。

（3）静液压传动的传动效率比较低。

三、总线控制技术

农业机械总线是指农业机械ECU（电子控制单元）及其被控制的对象之间

相互传输信息的公共通道。通过总线可以实现整个系统内各部件之间的信息进行传输、交换、共享和逻辑控制等功能。可以用图1-73公交客运系统帮助理解总线的概念，公交车可以理解为总线，公交车所载乘客可以理解为总线所载信息，公交站为控制对象。

农业机械上使用最广泛的是总线是CAN（Controller Area Network，），它是控制器局域网的简称，由德国BOSCH公司研发，并最终成为国际标准（ISO 11898），是国际上应用最广泛的现场总线之一。

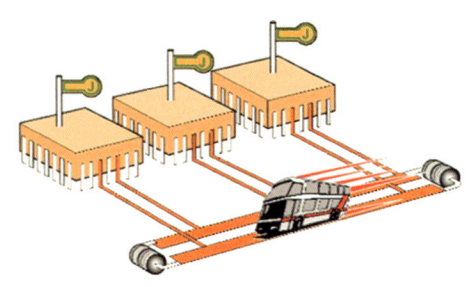

图1-73　公交客运系统

四、自动驾驶技术

拖拉机自动驾驶技术是利用高精度的北斗卫星定位导航信息，由控制器对农机的液压系统进行控制，使农机按照设定的路线（直线或曲线）进行自动驾驶。

以GPS系统为例，拖拉机自动驾驶系统的组成如图1-74。整套系统包括移动式RTK差分站、车载系统。其中移动式RTK差分站应建立在适当的地方，车载系统安装在拖拉机上。

自动驾驶车载系统是集卫星接收、定位、控制于一体的综合性系统，主要由卫星天线、GPS高精度定位终端、控制器驱动器、电磁比例阀、前轮转角传感器等部分组成。

图1-74　拖拉机自动驾驶系统组成

自动驾驶控制系统原理如图 1-75：

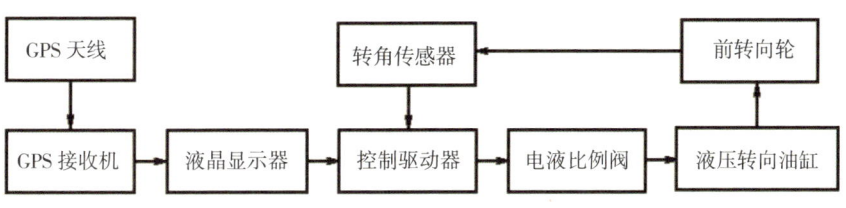

图 1-75　拖拉机自动驾驶控制系统

GPS 接收机接收来自 RTK 差分站的差分信号并将定位信息传送给控制驱动器，控制器收到实时定位信息后，方向传感器向控制器发送车轮的运动方向，控制器根据 GPS 卫星定位的坐标及车轮的转动情况，实时向液压控制阀发送指令，达到控制方向的目的。作业拖拉机根据设计好的行走路线，通过控制拖拉机的转向机构进行作业。导航模式一般有如图 1-76 所示 3 种。

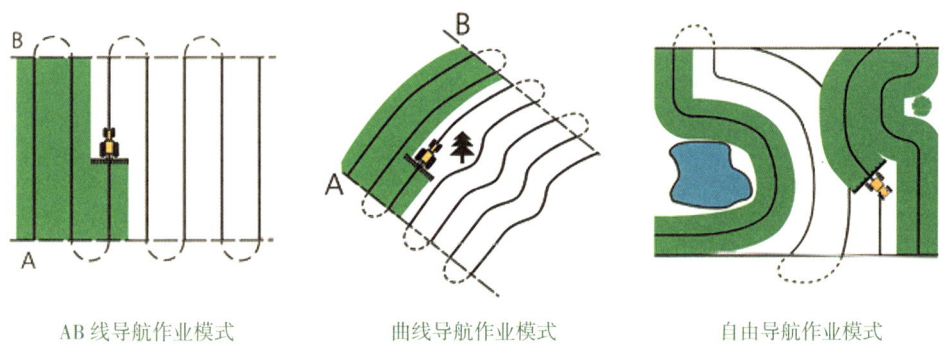

　　AB 线导航作业模式　　　　　曲线导航作业模式　　　　　自由导航作业模式

图 1-76　拖拉机自动驾驶导航模式

拖拉机自动驾驶系统按自动化程度分为：卫星导航辅助驾驶系统、卫星导航自动驾驶系统、卫星导航无人驾驶系统。

五、电动驱动技术

长期以来，大部分农业机械采用石油内燃机提供动力，存在高耗能、污染环境等问题。随着电池技术的进步及电能来源多样化，节约能源、少污染甚至无污染的电动绿色农业机械已开始出现。电动拖拉机、玉米穴播机已在农业生产中应用。

对于拖拉机、收割机等自走式农业机械，电动驱动系统由蓄电池、控制器、驱动电机等组成（原理图如图1-77）。

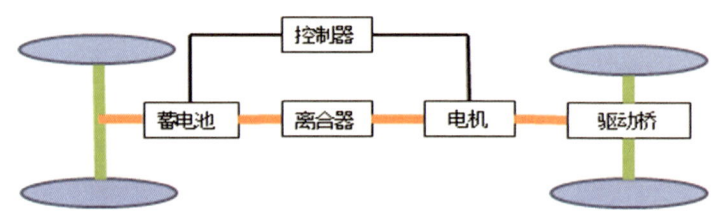

图1-77 电驱动系统组成

工作原理是由蓄电池提供动力，在控制器控制下，驱动电机将电能转变为转矩驱动拖拉机、收割机等农业机械的驱动桥或驱动车轮。

电动驱动有用单电机驱动驱动桥和双电机轮毂驱动车轮两种。第一种形式为蓄电池动力通过驱动电机传至驱动桥，随后驱动车轮前进，如图1所示。第二种形式为蓄电池动力通过驱动电机直接驱动车轮前进。

电动驱动优点为体积小、质量轻；零排放或低排放、低噪声；安装布局灵活。电动驱动的缺点是电机不能满足复杂的田间作业需求；电池续航能力差；控制系统不完善。

六、农机精准作业技术

精确农业是基于现代电子信息技术、作物栽培管理辅助决策与支持技术和农业工程装备技术等集成组装起来的作物生产精细经营技术。它是以知识为基础的农业微观管理系统，其特征是根据当时当地测定的作物实际需要确定对作物的变量投入。精准农业体系如图1-78。

第一章 农业机械常识

图 1-78　精准农业体系

农机精准作业技术是指将遥感（RSS）、地理信息系统（GIS）、全球定位系统（GPS）、计算机技术、通信和网络技术、自动化技术等高科技与地理学、农业生态学、植物生理学、土壤学等基础学科有机结合起来，实现在农业生产全过程中对农作物生长、发育状况、病虫害、水肥状况以及相应的环境状况进行定期信息获取和动态分析，通过诊断和决策，制订实施计划，并在全球定位系统和地理信息系统的支持下，由智能化农业机械进行田间作业的过程。简单地说农机精

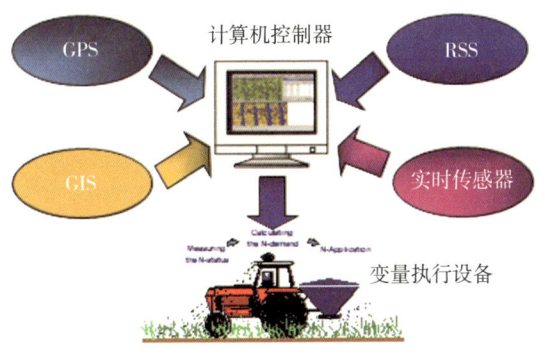

图 1-79　农机精准作业技术与其他精准农业技术的关系

105

准作业技术是指装有智能设备的农业机械，按照精准农业系统给出的"处方"进行田间作业的过程。它是精准农业技术的组成部分，它在精准农业技术系统中的与其他技术的关系如图1-79。

农机精准作业技术工艺过程如图1-80。

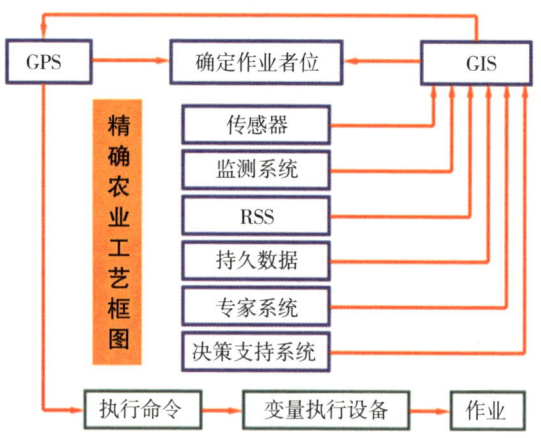

图1-80　农机精准作业技术工艺过程

目前，国内在规模化农场、设施农业、果园等不同生产领域开展了农机自动导航、精准播种、精准施肥施药、果园变量喷药等关键农机精准作业技术研究和应用。

第二章

农业机械试验鉴定

第一节 基本术语和定义

一、农机鉴定技术术语

1. 农业机械质量 quality of agricultural machinery

农业机械产品具有的固有特性和满足农业生产要求的程度。

2. 农业机械试验鉴定 test and evaluation for agricultural machinery

通过科学试验、检测和考核,对农业机械的适用性、安全性和可靠性做出技术评价,为农业机械的选择和推广提供依据和信息的活动。

3. 推广鉴定 popularized evaluation

全面考核农业机械性能,评定是否适于推广。

4. 专项鉴定 special evaluation

考核、评定农业机械创新产品的专项性能。

5. 样机[样品] model machine[sample]

按规定的要求、程序和方法确定的用于试验鉴定的农业机械产品。

6. 鉴定报告 evaluation report

描述鉴定结果和鉴定相关信息的具有规范格式的文件。

7. 试验 test

确定农业机械产品在规定条件下的特性而从事的活动。

8. 检测 detecting

按规定的要求、程序和方法,确定农业机械产品一个或多个特性的一组

操作。

9. 检验 inspection

依据标准、农业机械试验鉴定大纲或合同约定,对农业机械产品实施试验、检测并作出判定的活动。

10. 鉴定 evaluation

对农业机械产品的特性和使用效果进行评价的活动。

11. 核测 checking and measuring

确定产品技术规格参数与技术文件一致性的一组操作。

12. 评价 appraisal

按照规定的程序和方法,依据客观证据,对农业机械产品的特性和使用效果作出判断并形成结论的活动。

13. 先进性 advanced nature

与同类农业机械产品相比,在技术性、功能性、经济性、环保性和人机关系等方面的优化程度。

14. 适用性 applicability

农业机械产品在当地自然条件、作物品种、农作制度条件下,具有保持规定特性和满足当地农业生产要求的能力。

15. 安全性 safety

在规定的使用条件下,农业机械产品具有保护人、机器、环境、农产品品质等安全的能力。

16. 可靠性 reliability

农业机械产品在规定条件下和规定时间(或作业量)内,具有保持规定功能和特性的能力。

17. 用户调查 user investigation

按规定的程序、方法,获取用户使用农业机械产品过程中的质量信息,并汇总分析形成评价结果的活动。

18. 三包凭证 warranty certificate

农机生产者提供的承诺承担农业机械产品修理、更换、退货责任的文件。

19. 生产试验 productive test

按照规定的程序和方法,在有代表性的实际生产中,完成规定的工作量,考核农业机械产品特性和使用效果的活动。

20. 作业时间 operating hours

在班次时间内，纯工作时间、地头转弯空行时间（固定作业机械除外）和工艺服务时间（停机加种、加肥、装苗和装卸物料等时间）之和。

21. 工作时间 working hours

在班次时间内，作业时间与故障排除时间之和。

22. 有效度 availability

作业时间与工作时间之比。

注：用于表征产品可靠性的主要参数之一，用百分数表示。有效度结果受生产试验时间长短的影响较为显著，一般情况下，采用有效度结果时，应标注生产试验时间。

23. 涵盖机型 type covering

在基本结构相同的系列产品中，能够用样机（样品）的评价结果来表征的机型。

24. 检验员 inspector

经过考核和注册，有资格和能力承担农业机械试验鉴定检验任务的人员。

二、测量基本术语

（一）量和单位

1. 量 quantity

现象、物体或物质的特性，其大小可用一个数和一个参照对象表示。

2. 量纲 dimension of a quautity

给定量与量制中各基本量的一种依从关系，它用与基本量相应的因子的幂的乘积去掉所有数字因子后的部分表示。

3. 量纲为一的量 quantity of dimension one

又称无量纲量（dimensionless quantity）。

在其量纲表达式中与基本量相对应的因子的指数均为零的量。

4. 测量单位 measurement unit

计量单位（measurement unit，unit of measurement）。

简称单位（unit）。

根据约定定义和采用的标量，任何其他同类量可与其比较使两个量之比用一个数表示。

5. 测量单位符号 symbol of measurement unit

计量单位符号（symbol of unit measurement）

表示测量单位的约定符号。

6. 单位制 system of units

又称计量单位制（system of measurement units）

对于给定量制的一组基本单位、导出单位、其倍数单位和分数单位及使用这些单位的规则。

7. 一贯导出单位 coherent derived unit

对于给定量制和选定的一组基本单位，由比例因子为 1 的基本单位的幂的乘积表示的导出单位。

8. 一贯单位制 coherent eyetem of units

在给定量制中，每个导出量的测量单位均为一贯导出单位的单位制。

9. 国际单位制（SI）International System of Units（SI）

由国际计量大会（CGPM）批准采用的基于国际量制的单位制，包括单位名称和符号、词头名称和符号及其使用规则。

10. 法定计量单位 legal unit of measurement

国家法律、法规规定使用的测量单位。

11. 基本单位 base unit

对于基本量，约定采用的测量单位。

12. 导出单位 derived unit

导出量的测量单位。

13. 制外测量单位 off-system measurement unit

简称制外单位（off-system unit）

不属于给定单位制的测量单位。

14. 倍数单位 multiple of unit

给定测量单位乘以大于 1 的整数得到的测量单位。

15. 分数单位 submultiple of a unit

给定测量单位除以大于 1 的整数得到的测量单位。

16. 量值 quantity value

全称量的值（value of a quantity），简称值（value）

用数和参照对象一起表示量的大小。

17. **量的真值** true quantity value，true value of a quantity

简称真值（true value）

与量的定义一致的量值。

18. **约定量值** conventional true value [of a quantity]

又称量的约定值（conventional true value of a quantity）

对于给定目的，由协议赋予某量的量值。

19. **量的数值** numerical quantity value，numerical value of quantity

简称数值（numerical value）

量值表示中的数，而不是参照对象的任何数字。

20. **序量** ordinal quantity

由约定测量程序定义的量，该量与同类的其他量可按大小排序，但这些量之间无代数运算关系。

（二）**测量及测量结果**

21. **测量** measurement

通过实验获得并可合理赋予某量一个或多个量值的过程。

22. **测量结果** measurement result，result of a measurement

与其他有用的相关信息一起赋予被测量的一组量值。

23. **测量误差** measurement error，error of measurement

简称误差（error）

测得的量值减去参考量值。

24. **系统测量误差** eystematic measurement crror，eystematic crror of measurement

简称系统误差（eystematic crror）

在重复测量中保持不变或按可预见方式变化的测量误差的分量。

25. **随机测量误差** random measurement error，random error of measurement

简称随机误差（random error）

在重复测量中按不可预见方式变化的测量误差的分量。

26. **修正** correction

对估计的系统误差的补偿。

27. 测量准确度 measurement accuracy，accuracy of measurement

简称准确度（accuracy）

被测量的测得值与其真值间的一致程度。

28. 测量正确度 measurement trueness，trueness of measurement

简称正确度（trueness）

无穷多次重复测量所得量值的平均值与一个参考量值的一致程度。

29. 测量精密度 measurement precision

简称精密度（precision）

在规定条件下，对同一或类似被测对象重复测量所得示值或测得值间的一致程度。

30. 测量重复性 measurements repeatability

简称重复性 repeatability

在一组重复性测量条件下的测量精密度。

31. 测量复现性 measurements reproducibility

简称复现性（reproducibility）

在复现性测量条件下的测量精密度。

（三）测量仪器

32. 测量仪器 measuring instrument

计量器具 measuring instrument

单独或与一个或多个辅助设备组合，用于进行测量的装置。

33. 测量系统 measuring system

一套组装的并适用于特定量在规定区间内给出测得值信息的一台或多台测量仪器。

注：一个测量系统可以仅包括一台测量仪器。

34. 实物量具 material measure

具有所赋量值，使用时以固定形态复现或提供一个或多个量值的测量仪器。

35. 测量设备 measuring equipment

为实现测量过程所必须的测量仪器、软件、测量标准、参考物质、辅助设备或其组合。

36. 鉴别力 resolution

引起相应示值产生可察觉到变化的被测量的最小变化。

37. 准确度等级 accuracy class

在规定工作条件下,符合规定的计量要求,使测量误差或仪器不确定度保持在规定极限内的测量仪器或测量系统的等别或级别。

38. 最大允许测量误差 maximum permissible measurement errors

简称最大允许误差(maximum permissible errors)

对给定的测量、测量仪器或测量系统,由规范或规程所允许的,相对于已知参考量值的测量误差的极限值。

39. 固有误差 intrinsic error

在参考条件下确定的测量仪器或测量系统的误差。

40. 引用误差 fiducial error

测量仪器或测量系统的误差除以仪器的特定值。

三、农机试验鉴定常用的计量单位

1. 常用的 SI 基本单位及其十进倍数单位和十进分数单位

农机试验鉴定工作中常用的 SI 基本单位及其十进倍数单位和十进分数单位见表 2-1。

2. 常用的 SI 导出单位及其十进倍数单位

农机试验鉴定工作中常用的 SI 导出单位及其十进倍数单位见表 2-2。

3. 常用的国家选定的非国际单位制单位

农机试验鉴定工作中常用的国家选定的非国际单位制单位见表 2-3。

4. 常用的组合单位

组合形式的单位简称为组合单位。组合单位是由两个或两个以上的单位用相乘、相除的形式组合而成的新的单位,也包括分母只有一个单位,但分子为 1 的单位。构成组合单位的单位可以是国际单位制单位和国家选定的非国际单位制单位,也可以是它们的十进制倍数或分数单位。农机试验鉴定工作中常用的组合单位见表 2-4。

表2-1 农机试验鉴定工作中常用的SI基本单位及其十进倍数单位和十进分数单位

量的名称	单位名称		单位符号
长度	SI基本单位	米	m
	十进倍数单位	千米	km
	十进分数单位	厘米	cm
		毫米	mm
		微米	μm
质量	SI基本单位	千克	kg
	十进倍数单位	吨	t
	十进分数单位	克	g
		毫克	mg
时间	SI基本单位	秒	s
电流	SI基本单位	安[培]	A
	十进分数单位	毫安[培]	mA
发光强度	SI基本单位	坎[德拉]	cd

表2-2 农机试验鉴定工作中常用的SI导出单位及其十进倍数单位和十进分数单位

量的名称	单位名称		单位符号
频率	SI导出单位	赫[兹]	Hz
力	SI导出单位	牛[顿]	N
	十进倍数单位	千牛[顿]	kN
压力,压强,应力	SI导出单位	帕[斯卡]	Pa
	十进倍数单位	兆帕[斯卡]	MPa
		千帕[斯卡]	kPa
		百帕[斯卡]	hPa
能[量],热量	SI导出单位	焦[耳]	J
	十进倍数单位	千焦[耳]	kJ
功率	SI导出单位	瓦[特]	W
	十进倍数单位	千瓦[特]	kW
电压	SI导出单位	伏[特]	V
	十进倍数单位	千伏[特]	kV
电阻	SI导出单位	欧[姆]	Ω
	十进倍数单位	兆欧[姆]	MΩ
摄氏温度	SI导出单位	摄氏度	℃

表2-3 农机试验鉴定工作中常用的国家选定的非国际单位制单位

量的名称	单位名称	单位符号
时间	天（日）	d
	[小]时	h
	分	min
平面角	度	(°)
	[角]分	(′)
	[角]秒	(″)
旋转速度	转每分	r/min
体积	升	L，(l)
级差	分贝	dB
面积	公顷	hm^2

表2-4 农机试验鉴定工作中常用的组合单位

量的（参数）名称	单位名称	单位符号
面积	平方千米	km^2
	平方米	m^2
	平方厘米	cm^2
体积	立方米	m^3
速度	千米每小时	km/h
	米每分	m/min
	米每秒	m/s
	毫米每秒	mm/s
减速度，加速度	米每二次方秒	m/s^2
流量	立方米每小时	m^3/h
	升每小时	L/h
	立方米每分	m^3/min
	升每分	L/min
喂入量	千克每秒	kg/s
力矩，转矩，扭矩，动平衡量	牛[顿]米	N·m
静平衡量	克毫米	g·mm
电能（度电）	千瓦小时	kW·h
功率消耗	千瓦每米	kW/m

（续表）

量的（参数）名称	单位名称	单位符号
耗电量	千瓦小时每吨	kW·h/t
	千瓦小时每公顷毫米（水量）	kW·h/(hm²·mm)
	千瓦小时每立方米	kW·h/m³
生产率	吨每千瓦小时	t/(kW·h)
	千克每千瓦小时	kg/(kW·h)
	立方米每千瓦小时	m³/(kW·h)
	千克每千瓦小时毫米草长	kg/(kW·h·mm)
	公顷每小时	hm²/h
	平方千米每小时	km²/h
	吨每小时	t/h
	吨每24小时	t/24h
	千克每小时	kg/h
	公顷每小时米	hm²/(h·m)
	千克每平方米小时	kg/(m²·h)
	公顷毫米（水量）每小时	hm²·mm/h
	千克每厘米小时	kg/(cm·h)
排种量，施肥量，耗油量	千克每公顷	kg/hm²
耗油量	克每千瓦小时	g/(kW·h)
耗热量	千焦每千克	kJ/kg
	兆焦每千克	MJ/kg
耗水量	立方米每吨	m³/t
粉尘浓度，溶解氧，呋喃丹散逸量	毫克每立方米	mg/m³
喷雾量，喷粉量	千克每分	kg/min
密度	千克每立方米	kg/m³
噪声	分贝（A计权）	dB（A）

5. 常用的其他量

（1）无量纲量。

农机试验鉴定中经常用到百分率一类的量，例如：耕整机械的碎土率、回垡率、土壤膨松度、植被覆盖率，收获机械的损失率、破碎率、含杂率，加工机械的除杂率、获选率等。

这些量均为无量纲量，也称为量纲为1的量。它们是两个同种量的比，如碎土率是两个质量之比，回垡率是两个长度之比。它们的量纲为"1"，单位名称为

"1"（含义为"千克每千克"或"米每米"），单位符号为"1"。量纲为一的量的测量单位和值均是数，因此在表达这些无量纲量的量值时，单位符号"1"是不必写出来的。

（2）序量。

农机试验鉴定中经常用到材料硬度一类的量，例如：布氏硬度 HB，洛氏硬度 HRA、HRB、HRC，维氏硬度 HV，橡胶塑料邵氏硬度 HA、HD 等。它们不是一个单纯的物理量，而是反映材料的弹性、塑性、强度和韧性等的一种综合性能指标。

材料硬度是由约定测量程序定义的量，它是一个序量。它不具有测量单位或量纲。

我们最常见的洛氏硬度（Rockwell hardness），是由洛克威尔（S.P.Rockwell）在1921年提出来的，是使用洛氏硬度计所测定的金属材料的硬度值。洛氏硬度中 HRA、HRB、HRC 等中的 A、B、C 为三种不同的标准，称为标尺 A、标尺 B、标尺 C。三种标尺的初始压力均为 98.07N（合 10kgf），最后根据压痕深度计算硬度值。标尺 A 使用的是球锥菱形压头，然后加压至 588.4N（合 60kgf）；标尺 B 使用的是直径为 1.588mm（1/16 英寸）的钢球作为压头，然后加压至 980.7N（合 100kgf）；而标尺 C 使用与标尺 A 相同的球锥菱形作为压头，但加压后的力是 1 471N（合 150kgf）。

在规定的外加载荷下，将钢球或金刚石压头垂直压进试件表面，产生压痕，测试压痕深度，利用洛氏硬度计算公式 HR=（K−H)/C 便可计算出洛氏硬度。简单说就是压痕越浅，HR 值越大，材料硬度越高。用"HRC"来表示。公式中，K 为常数，金刚石压头时 K=0.2mm，淬火钢球压头时 K=0.26mm；H 为主载荷解除后试件的压痕深度；C 也为常数，一般情况下 C=0.002mm。

例如：60HRC，即代表在试验载荷为 1 471N（合 150kgf）下，使用顶角为 120 度的金刚石圆锥压头时，试件的压痕深度 H 为 0.08mm。

第二节　农机试验设计与抽样技术

一、农机试验设计的原则

试验要进行设计，是进行试验工作的要求。如今科学的快速进步带来了各种各样新技术新产品，任何一种新产品、新工艺、新材料和新品种的产生，往往要经过多次反复地试验研究工作。凡要做试验，就需要明确试验目的、制订可行的试验方案、结合专业和统计学的知识做出周密完整、科学严谨的整个试验过程和如何分析试验结果的问题。试验安排得好，既可以减少试验次数，缩短试验时间和避免盲目性，又能得到有效的结果；试验安排得不好，即使做了大量试验，仍得不到满意的结果，反而造成人力、物力、财力和时间的浪费。

由于农业机械的服务对象和工作环境是有生命的生物和自然环境，因此农机试验的特点是影响试验结果的不可控制因素多而复杂，且变动大；试验受季节制约，因而试验时期一般都很短，而又要安排重复试验；试验消耗人力、物力大，因此在农机试验研究中推广应用科学的试验设计方法，具有特别重要的意义。

农机试验设计的内容非常丰富，应用非常广泛，农机试验设计的原则就是如何减少试验次数，在较短的时间内，做好各项试验工作并得到所需要的试验结果。由于篇幅有限，这里只介绍部分常用方法，并通过农机试验的实例加以说明。

试验设计中常用的术语：

试验指标：在一项试验中，根据试验目的，所考察的试验结果的特征量或者现象称为试验指标。可以用数量表示的试验指标，称为定量指标。不能用数量来表示的试验指标称为定性指标。

因素：在试验中需要考察的、对试验指标可能有影响的原因称为因素。常用大写字母 A、B、C…等表示。

水平：因素在试验中所选取的状态或条件称为水平。常用该因素字母加上下角标来表示，例如 A_1 表示 A 因素的一水平；B_2 表示 B 因素二水平，等等。

多因素试验：在一项试验中需要考察多个因素，而每个因素又有多个水平的试验称为多因素试验。

交互作用：通常在一项试验中，不仅各个因素单独起作用，而且因素之间有时会联合起来影响某一试验指标，这种作用称为交互作用。

二、农机试验的正交试验设计

正交试验设计，就是应用数学工作者编制的正交表来编排多因素试验，并应用数理理论来分析试验数据，从而以较少的试验次数，得到全面信息的一种方法。

1. 正交表

正交表是正交试验法的基本工具。正交表的种类很多，已制成不同规格供选用（详见本节附表）。

正交表的通用符号：$L_n(t^q)$

L——正交表的代号；

n——正交表的横行数，可表示用该表安排试验条件的数目；

t——字码数，可表示每个因素可以取的水平数目；

q——正交表的纵列数，可表示最多可能安排因素的数目；

t^q——全面试验搭配试验条件的数目。

n、t、q 都有具体数字。将通用符号代以具体数字成为各种正交表的代号：$L_4(2^3)$、$L_8(2^7)$、$L_{16}(2^{15})$…等等。

每一个表号都对应一个表格。最简单的正交表是表 $L_4(2^3)$，如表 2-5 所示。

表 2-5 $L_4(2^3)$ 正交表

列号 试验号	1	2	3
1	1	1	1
2	1	2	2
3	2	1	2
4	2	2	1

下标 n=4 表示这个表有四横行，每行是一种试验条件，应用该表共要做四种不同条件的试验，它们分别由试验号 1~4 表示；括号内的指数 q=3 表示该表有三个纵列，最多可安排三个因素；括号中底数 t=2 表示该表的主要部分只有二种数字，即每个因素可取两个水平。

在试验号右面的一组字码，表示该号试验条件由不同因素水平具体组成。如第 2 号试验由 1、2、2 组成，即由第一因素的 1 水平、第二因素的 2 水平、第三因素的 2 水平组合成一种试验条件。

任何一张正交表都有下列两个特点：

（1）每一列中，不同的字码出现的次数相等，如表 $L_4(2^3)$ 中字码"1"和

"2"各出现2次。

(2)任意两列中,将同一横行的两个字码看成有序数对时(即左边的数放在前,右边的数放在后,按这一次序排出的数对),则必然组成完全有序数对,而且每种数对出现的次数相等。如表 $L_4(2^3)$ 中第1、3列组成一个完全有序数对:(1,1)、(2,2)、(1,2)、(2,1),其中每种数对均出现一次。

正交表的"正交"二字是从几何学中两个向量正交的定义借用过来的,这里表示均衡的意思。

正交表中每纵列所包括的字码种数相同时,称为同水平正交表,如 $L_4(2^3)$、$L_9(3^4)$ 等等。正交表中每列所包含的字码种数不相同时,称为混合水平正交表,如 $L_8(4^1×2^4)$、$L_{16}(4^4×2^3)$、……。按 $L_{16}(4^4×2^3)$ 表可安排4个四水平因素和3个二水平因素,共需做16种不同组合的试验。

2. 正交试验设计的基本方法

如何设计试验方案是正交试验法的关键之一。现通过实例来说明。

例:在蔬菜穴播试验中,为了提高作物产量,对播种机的株距、行距和品种进行试验研究。假设各因素之间没有交互作用。

正交试验方案的设计步骤如下。

(1)明确试验目的,确定试验指标。

该例试验的目的是为了提高蔬菜生产效益,所以确定试验指标是产量。

(2)选因素、定水平。

指标确定后,再确定影响试验指标的因素及水平。对产量有影响的主要有:株距、行距、作物品种。因此,确定三个因素(A:株距、B:行距、C:品种)。根据种植经验,决定对三个因素各考察两个状态。即各选择二个水平(A_1:20cm、A_2:25cm、B_1:30cm、B_2:40cm、C_1:品种1、C_2:品种2)。具体列出因素、水平如表2-6。

表2-6 蔬菜播种机试验的因素水平

水平\因素	A 株距(cm)	B 行距(cm)	C 品种
1	10	30	品种1
2	20	40	品种2

(3)选择合适的正交表

根据该例是选定三个 2 水平因素,又不考虑交互作用,因此选用最简单的 $L_4(2^3)$ 表。一般尽可能选用较小的正交表,以减少试验工作量。

(4)确定试验方案表

先作表头设计。即把要考察的因素分别排到正交表的各列上,各列号改成各因素符号。再将表中的各列字码换成对应因素的 1 水平、2 水平,得到表 2-7 的试验方案表。

表 2-7 蔬菜播种机试验方案

因素 水平	A 株距(cm) (1)	B 行距(cm) (2)	C 品种 (3)	指标产量 t/hm² y_i
1	A_1 10(1)	B_1 30(1)	C_1:品种1(1)	
2	A_1 10(1)	B_2 40(2)	C_2:品种2(2)	
3	A_2 20(2)	B_1 30(1)	C_2:品种2(2)	
4	A_2 20(2)	B_2 40(2)	C_1:品种1(1)	

试验方案表具体给出了 4 个组合处理方案,即第 1 号试验条件为株距 10cm,行距 30cm,种植品种为 1 号种子;第 2 号试验条件为株距 10cm,行距 40cm,种植品种为 2 号种子;第 3 号试验条件为株距 20cm,行距 30cm,种植品种为 2 号种子;第 4 号试验条件为株距 20cm,行距 40cm,种植品种为 1 号种子。试验方案确定后,要严格按照试验条件进行试验,试验后将试验结果填在试验指标栏内。

需要说明的是,试验号是某种试验条件的代号,而不是试验顺序,所以可以按照号码顺序进行试验,也可以打乱这个顺序,随机的进行试验。为了减少外界条件所引起的误差,应尽可能将试验顺序随机化。另外,试验号的数目与试验次数是两个概念。在无重复试验的情况下,试验次数等于试验号数。在有重复试验的情况下,试验号数等于试验号数乘以重复次数。为了减少随机误差对试验指标的影响,一般将每号试验至少重复一次,用它们的平均值作为指标值。

从这个试验方案中可看出正交表安排试验有以下几个特点:

① 在每一列中每个因素的各个水平,在试验中出现的次数相同(本例出现两次)。

② 在任意两列间，同一横行的任意两因素的不同水平所有可能搭配组合都出现了，且出现的次数相等（本例各出现一次）。

③ 当因素 A 取 A_1 时，B、C 两因素的两个水平都出现了，且各出现一次。当因素 A 取 A_2 时，B、C 两因素的两个水平也都出现了，且各出现一次。这样来看 A 因素由 A_1 变到 A_2 时，其它因素 B 和 C 对指标的影响是相等的。因此比较这两组数的差异，可以认为主要是由 A 因素的不同水平变化造成的。同样，对因素 B 和 C 也有类似的情况。这就是所谓的正交试验法的综合可比性。

④ 这是一个 3 个二水平因素试验，全面试验有八种组合，按正交表来编排试验只需做四次试验。

3. 试验结果的极差分析

经过试验测得全部试验数据后，如何科学地分析这些数据，从中得出正确的结论，这是正交设计法的另一个重要内容。极差分析法是一种综合比较的分析方法，也称直观分析法。

通过对试验结果的分析，要解决以下四个问题：

（1）确定各因素的主次，即被考察的因素中各个因素对指标影响的大小情况。

（2）分清水平的优劣，即各因素哪个水平对试验指标影响为最好。

（3）初选较优生产条件（或较优设计方案）。

（4）展望进一步试验方向并确定最优生产条件。

先分析各因素的不同水平对试验指标的影响。以 A 因素为例：如果从 4 个试验结果数据中直接比较 A_1 和 A_2 的优劣是不行的，因为这 4 个试验的组合条件中除 A 因素外，B、C 因素的水平组合没有相同的，所以没有比较的基础。但把这 4 个试验数据适当组合相加后，就可利用正交试验法所特有的综合可比性，对 A 因素的两个对指标影响的大小进行比较。

将 4 个数据分成两组，A 因素的 1 水平的两次试验为 Ⅰ 组，A 因素的 2 水平的两次试验为 Ⅱ 组，然后把每组的两次试验结果相加，这时便会发现：在 Ⅰ 组的指标和中，仅是 A 因素 A_1 水平出现两次，B、C 两因素的各水平 B_1、B_2 和 C_1、C_2 均出现一次影响；在 Ⅱ 组的指标和中，仅是 A 因素的 A_2 水平出现两次，B、C 两因素的各水平 B_1、B_2 和 C_1、C_2 均出现一次影响。对于条件下 A_1 的两次试验和条件 A_2 下的两次试验，虽然其他条件（B、C）在变动，搭配情况并不相同，但在 B、C 两因素没有交互作用的条件下，这种变动是"平等"的。因此如

果每组把两次试验结果加起来,即

第Ⅰ组 $K_{A1}=y_1+y_2=13.2+14.3=27.5$

第Ⅱ组 $K_{A2}=y_3+y_4=15.0+14.6=29.6$

然后对两组进行比较,若 K_{A1}、K_{A2} 之间有差异,则说明此差异是A因素的不同水平对指标产生的影响,因此,K_{A1}、K_{A2} 或它们的平均值 $k_{A1}=\dfrac{K_{A1}}{2}$、$k_{A2}=\dfrac{K_{A2}}{2}$ 的大小,反映了A因素的两个水平对指标的影响程度。由于 $K_{A2}=29.6 > K_{A1}=27.5$ 或 $k_{A2}=14.8 > k_{A1}=13.8$,从题意整体上看,行距、品种条件都一样,只有株距不一样,因此产量的差异 $R=k_{A2}-k_{A1}=1.0$,说明了株距20cm比株距10cm好,即A因素取2水平较为有利,可以提高蔬菜产量。

上述分析方法,适用于其它因素,并用一般形式表示,如果试验指标的数值越大(或越小)越好,则 k_{J1}、k_{J2}、……中,数值最大者(或最小者)所对应的水平就是该因素的最优水平。

其次分析因素的主次。一个因素对试验指标的影响大,则这个因素就是主要的,所谓影响大,就是说这个因素的水平变动引起试验指标的数值波动大。试验指标波动的大小可用因素的极差的大小表示。某因素的极差,就是某因素的不同水平对应指标和平均值的数值最大者与数值最小者之差。某因素极差大,则反映该因素的水平变动时,试验指标的波动幅度大,该因素对指标的影响大,因而显得主要。所以根据极差的大小,能确定因素的主次。

以上各项分析计算都可在正交表上进行,如表2-8,具体的说,就是在正交表下面增加 K_{J1}、K_{J2}、k_{J1}、k_{J2} 和R各行,按表分别计算出各列的K、k、R的值,便可作分析下结论。

表2-8 蔬菜播种机试验方案

因素 水平	A 株距(cm) (1)	B 行距(cm) (2)	C 品种 (3)	指标产量 t/hm²
1	A_1 10(1)	B_1 30(1)	C_1:品种1(1)	13.2
2	A_1 10(1)	B_2 40(2)	C_2:品种2(2)	14.3
3	A_2 20(2)	B_1 30(1)	C_2:品种2(2)	15.0
4	A_2 20(2)	B_2 40(2)	C_1:品种1(1)	14.6

(续表)

因素 水平	A 株距（cm） （1）	B 行距（cm） （2）	C 品种 （3）	指标产量 t/hm²
K_{j1}	27.5	28.2	27.8	主次因素顺序： A、C、B 较优方案：A_2、 B_2、C_2
K_{j2}	29.6	28.9	29.3	
k_{j1}	13.8	14.1	13.9	
k_{j2}	14.8	14.4	14.6	
R_i	1.0	0.3	0.7	

确定因素主次水平优劣之后，初选较优生产条件（或较优设计方案）就容易解决了。对于主要因素应该选取最优水平。对于次要因素可选择取好水平，也可选取有利于节约成本或便于操作等方面考虑的适当水平。

4. 有交互作用的试验设计

在实际试验中，不仅各因素单独起作用，而且因素之间会互相促进或互相制约来影响某一指标，这种联合作用叫做交互作用。

在多因素试验中，两个因素 A、B 之间的交互作用称为一级交互作用，用 A×B 表示。三个因素 A、B、C 之间的交互作用称为二级交互作用，用 A×B×C 表示。依此类推。二级以上的交互作用，统称为高级交互作用，通常，高级交互作用均可忽略不计。根据实践经验和专业知识的分析，大部分的一级交互作用也可忽略，从而可选用试验号较小的正交表，以减少试验次数，提高试验效率。

三、抽样技术基本概念

1、全数检查和抽样检查

检查批量生产的产品一般有两种方法，即全数检查和抽样检查。全数检查是对全部产品逐个进行检查，区分合格品和不合格品，检查对象是单个产品。全数检查也称100%检查，目的是剔除不合格品，进行返修或报废。抽样检查是对产品批做出判断，并做出相应的处理。

现代抽样检查方法是建立在概率统计基础上，主要以假设检验为其理论依据。抽样检查所研究的问题包括3个方面：一是如何从批中抽取样品，即采用什么样的抽样方式；二是从批中抽取多少个单位产品，即取多大规模的样本大小；

三是如何根据样本的质量数据来判定产品是否合格,即怎样预先确定判定规则。样本大小和判定规则即构成了抽样方案。

抽样即是从欲研究的全部样品中抽取一部分样品单位。其基本要求是要保证所抽取的样品单位对全部样品具有充分的代表性。抽样的目的是从被抽取样品单位的分析、研究结果来估计和推断全部样品特性,是科学实验、质量检验、社会调查普遍采用的一种经济有效的工作和研究方法。

抽样检验是依照规定的抽样方法和抽样程序,从批中抽出少量的单位个产品或少量材料进行检验。

在产品检验中广泛使用抽样检验。当检验带有破坏性,当检验费用(包括在时间、人力、物力等方面的消耗)较大,或者产量大,或者产品的缺陷不易发现时,以抽样检验取代百分百检验都能取得显著的经济效果。

在质量管理过程中,逐批验收抽样检验方案是最常见的抽样方案。无论是在企业内或在企业外,供求双方在进行交易时,对交付的产品验收时,多数情况下验收全数检验是不现实或者没有必要的,往往经常要进行抽样检验,以保证和确认产品的质量。验收抽样检验的具体做法通常是:从交验的每批产品中随机抽取预定样本容量的产品项目,对照标准逐个检验样本的性能。如果样本中所含不合格品数不大于抽样方案中规定的数目,则判定该批产品合格,即为合格批,予以接收;反之,则判定为不合格,拒绝接收。

2. 单位产品、批和样本

单位产品是为实施抽样检查的需要而划分的基本单位。如:一只灯泡、一台联合收割机.等。

为实施抽样检查汇集起来的单位产品称为检查批或批,它是抽样检查和判定的对象。该批包含的单位产品数,称为批量,通常用符号 N 表示。

从批中抽取用于检查的单位产品,称为样本单位,有时也称为样品。样本单位的全体称为样本。样本中所包含的样本单位数,称为样本大小,通常用符号 n 表示。

3. 单位产品的质量及其特性

单位产品的质量是以其质量性质特性表示的,简单产品可能只有一项特性,大多数产品具有多项特性。质量特性可分为计量值和计数值两类,计数值又可分为计点值和计件值。

在产品的技术标准或技术合同中,通常都要规定质量特性的判定标准。在产

品质量检验中，通常先按技术标准对有关项目分别进行检查，然后对各项质量特性按标准分别进行判定，最后再对单位产品的质量做出判定。这里涉及"不合格"和"不合格品"两个概念。前者是对质量特性的判定，后者是对单位产品的判定。单位产品的质量特性不符合规定即为不合格。按质量特性表示单位产品质量的重要性，或者按质量特性不符合的严重程度，不合格可分为A类、B类、C类。A类不合格最为严重，B类不合格次之，C类不合格最为轻微。在判定质量特性的基础上，对单位产品的质量进行判定。只有全部质量特性符合规定的单位产品才是合格品；有一个或一个以上不合格的单位产品，即为不合格品。不合格品也可分为A类、B类、C类。A类不合格品最为严重，B类不合格品次之，C类不合格品最为轻微。不合格品的类别是按单位产品中包含的不合格类别来划分的。

确定单位产品是合格品还是不合格品的检查，称为"计件检查"。只计算不合格数，不必确定单位产品是否合格品的检查，称为"计点检查"。两者统称为"计数检查"。用计量值表示的质量特性，在不符合规定时也判为不合格。因此，也可用计数检查的方法。"计量检查"是对质量特性的计量值进行检查和统计，故对所涉及的质量特性应予分别检查和统计。

四、抽样检验的分类

按检验特性值的属性可以将抽样检验分为计数型抽样检验和计量型抽样检验两大类。

1. 计量型抽样检验

有些产品的质量特性，如颗粒饲料压制机压模的工作寿命、滴灌管耐拉力等，是抽样检验连续变化的。用抽取样本的连续尺度定量地衡量一批产品质量的方法称为计量抽样检验方法。

2. 计数抽样检验

有些产品的质量特性，如焊点的不良数、测试坏品数以及合格与否，只能通过离散的尺度来衡量，把抽取样本通过离散尺度衡量的方法称为计数抽样检验。计数抽样检验中对单位产品的质量采取计数的方法来衡量，对整批产品的质量，一般采用平均质量来衡量。计数抽样检验方案又可分为：标准计数一次抽检方案、计数挑选型一次抽检方案、计数调整型一次抽检方案、计数连续生产型抽检方案、二次抽检、多次抽检等。

① 一次抽检方案

一次抽检方案是最简单的计数抽样检验方案，通常用（N，n，C）表示。即从批量为 N 的交验产品中随机抽取 n 件进行检验，并且预先规定一个合格判定数 C。如果发现 n 中有 d 件不合格品，当 d≤C 时，则判定该批产品合格，予以接收；当 d>C 时，则判定该批产品不合格，予以拒收。例如，当 N=100，n=10，C=1，则这个一次抽检方案表示为（100，10，1）。其含义是指从批量为 100 件的交验产品中，随机抽取 10 件，检验后，如果在这 10 件产品中不合格品数为 0 或 1，则判定该批产品合格，予以接收；如果发现这 10 件产品中有 2 件以上不合格品，则判定该批产品不合格，予以拒收。

② 二次抽检方案

和一次抽检方案比，二次抽检方案包括五个参数，即（N，n_1，n_2，C_1，C_2）。其中：

n_1——抽取第一个样本的大小；

n_2——抽取第二个样本的大小；

C_1——抽取第一个样本时的不合格判定数；

C_2——抽取第二个样本时的不合格判定数。

二次抽检方案的操作程序是：在交验批量为 N 的一批产品中，随机抽取 n 件产品进行检验。若发现 n 件被抽取的产品中有不合格品 d，则：

若 d_1≤C_1，判定批产品合格，予以接收；

若 d_1>C_2，判定批产品不合格，予以拒收；

若 C_1<d_1≤C_2，不能判断。在同批产品中继续随机抽取第二个样本 n_2 件产品进行检验。若发现 n_2 中有 d_2 件不合格品，则根据（d_1+d_2）和 C_2 的比较作出判断：

若 d_1+d_2≤C_2，则判定批产品合格，予以接收；

若 d_1+d_2>C_2，则判定批产品不合格，予以拒收。

例如，当 N=100，n_1=10，n_2=20，C_1=2，C_2=4，则这个二次抽检方案可表示为（100，10，20，2，4）。其含义是指从批量为 100 件的交验产品中，随机抽取第一个样本 n_1=10 件进行检验，若发现 n_1 中的不合格品数为 d_1：

若 d_1<2，则判定该批产品合格，予以接收；

若 d_1>4，则判定该批产品不合格，予以拒收；

若 2<d_1≤4（即在 n 件中发现的不合格品数为 3，4 件），则不对该批产品

合格与否作出判断，需要继续抽取第二个样本，即从同批产品中随机抽取20件进行检验，记录其中的不合格品数：

若 $d_1+d_2 \leqslant 4$，则判定该批产品合格，予以接收；

若 $d_1+d_2>4$，则判定该批产品不合格，予以拒收。

③ 多次抽检方案。多次抽检方案是允许通过三次以上的抽样最终对一批产品合格与否作出判断。按照二次抽检方案的做法依次处理。以上讨论的是计数抽样检验方案，计量抽样检验方案原理相同。

五、几种基本的抽样方法

1. 简单随机抽样

一般的，设一个总体个数为 N，如果通过逐个抽取的方法抽取一个样本，且每次抽取时，每个个体被抽到的概率相等，这样的抽样方法为简单随机抽样。

简单随机抽样是指一批产品共有 N 件，如其中任意 n 件产品都有同样抽样检验的可能性被抽到，如抽奖时摇奖的方法就是一种简单的随机抽样。简单随机抽样时必须注意不能有意识抽好的或差的，也不能为了方便只抽表面摆放的或容易抽到的。

随机抽样适用于总体个数较少的。

2. 分层随机抽样

如果一个批是由质量明显差异的几个部分所组成，则可将其分为若干层，使层的质量较为均匀，而层间的差异较为明显。抽样时，将总体分成互不交叉的层，然后按照一定的比例，从各层中独立抽取一定数量的个体，得到所需样本，这样的抽样方法为分层抽样。

分层抽样是指针对不同类产品有不同的加工设备、不同的操作者、不同的操作方法时对其质量进行评估时的一种抽样方法。

分层抽样适用于总体由差异明显的几部分组成的。

3. 整群随机抽样

整群抽样又称聚类抽样。是将总体中各单位归并成若干个互不交叉、互不重复的集合，称之为群；然后以群为抽样单位抽取样本的一种抽样方式。

应用整群抽样时，要求各群有较好的代表性，即群内各单位的差异要大，群间差异要小。

4. 系统随机抽样

当总体的个数比较多的时候，首先把总体分成均衡的几部分，然后按照预先定的规则，从每一个部分中抽取一些个体，得到所需要的样本，这样的抽样方法叫做系统抽样。

这种方法主要用于无法知道总体的确切数量的场合，如每个班的确切产量，多见于流水生产线的产品抽样。

六、农机常用抽样检验程序

除了根据抽样检验方法制定适用于各种特定情形的抽样方案外，抽样检验方法的标准化是一个重要的趋向。这就是制定各种类型的抽样标准，其内容包括抽样方案程序及图表。生产方和使用方只要商定出关于批质量的某个（或某些）特性值，根据抽样检验标准（简称抽样标准）即可得到所需的抽样方案。使用最广泛的标准是由国际标准化组织(ISO)通过并颁布的两个国际标准：ISO2859 计数抽样检验程序系列标准和 ISO3951 计量抽样检验程序系列标准。其他国家或直接采用这些标准，或在它们的基础上修订出本国的抽样标准。中国也颁布了几个标准，如关于计数抽样的中华人民共和国国家标准 GB/T 2828 计数抽样检验程序系列标准。此外，一些国家还制定了适用于连续生产线上的抽样检验的连续抽样标准。

农业机械检验常用的计数抽样检验标准有 GB/T 2828.1—2012《计数抽样检验程序第 1 部分：按接收质量限（AQL）检索的逐批检验抽样计划》、GB/T 2828.4—2008《计数抽样检验程序第 4 部分：声称质量水平的评定程序》、GB/T 2828.11—2008《计数抽样检验程序第 11 部分：小总体声称质量水平的评定程序》等。

农业机械抽检过程中，尤其是产品质量监督抽查中，产品数量一般较少，因此多采用简单随机抽样的方法，采用 GB/T 2828.1—2012 规定的正常检验一次抽样方案进行抽样检验和判定，或者是按 GB/T 2828.4—2008 或 GB/T 2828.11—2008 规定的抽样方案表进行抽样检验和判定。

GB/T 10111—2008《随机数的产生及其在产品质量抽样检验中的应用程序》中规定了随机数的产生及利用随机数进行随机抽样的方法。

对农业机械进行抽样检验时，简单随机抽样的实施办法主要有以下几种：

1. 抽签法

做 N 个签,分别编上 1 到 N 号,完全均匀混合后,一次同时抽取 n 个签,或一次抽取一个签但不把这个签放回,接着抽第 2 个,第 3 个,……,直到抽足 n 个为止。

2. 随机数骰子法

随机数骰子是均匀材料制成的正二十面体(通常的骰子是正六面体,即正方体),各面上刻有 0～9 的数字各 2 个。每套骰子由盒体、盒盖及数种不同颜色的骰子组成。

根据总体大小或批量 N 选定 m 个骰子并规定每种颜色所体表的数位。例如,选择用红、黄、蓝 3 种颜色的骰子,并规定红色骰子出现的数字代表百位数,黄色骰子出现的位数代表十数位,蓝色骰子出现的数字代表个位数。特别规定当 m 个骰子的数字均为零时,表示 100。

将 m 个骰子放入盒中盖好,盒盖向下,水平地摇动盒子,使骰子充分旋转。然后打开盒子,读出骰子表示的随机数 R_0。如获得的随机数 $R_0 \leq N$,则随机数 R 就取 R_0;若 $R_0 > N$,则舍弃不用,另行重新生成随机数 R_0。重复上述过程,直到取得 n 个不同的随机数为止。

3. 扑克牌法

把一副扑克牌的四种花色的 A、2、3、4、5、6、7、8、9、10 共 40 张,把 A 做为 1,10 做为 0(见表 2-9)。

表 2-9 扑克牌编码

扑克牌号码	A	2	3	4	5	6	7	8	9	10
代表号码	1	2	3	4	5	6	7	8	9	0

用扑克牌产生随机数的 R_0 步骤如下:

1)在开始使用时,应彻底地洗牌、切牌 4 次以上。

2)经彻底洗牌、切牌以后,翻开最上一张牌,并记下一个数码,这相当于得到一个随机数字。

3)按照所需随机数的位数重复以上过程,即可获得所需的随机数。如果需要两位数的随机数,就把两次切洗后得到的数码组成一组。如果需要三位数的随机数,就把三次切洗后得到的数码组成一组。依此类推,就可以得到我们所需要的任意位长的随机数。

在生成随机数的过程中，每次必须把抽出的牌放回去，并经过彻底切洗以后才能抽取下一张牌。若抽出的随机数出现重复时，则舍弃重抽。

除了以上抽样方法外，还可以采用 GB/T 10111-2008《随机数的产生及其在产品质量抽样检验中的应用程序》中规定的随机数表法、伪随机数法等方法来抽取样品。

第三节 误差理论简介

一、研究误差的意义

由于实验方法和实验设备的不完善，周围环境的影响，以及受人们认识能力所限等，测量和实验所得的数据和被测量的真值之间，不可避免地存在着差异，这在数值上即表现为误差。随着科学技术的日益发展和人们认识水平的不断提高，虽然可以将误差控制的越来越小，但并不能完全消除它。误差存在的必然性和普遍性，已为大量实践所证明。为了充分认识并进而减小或消除误差，必须对测量过程和科学实验中始终存在着的误差进行研究。

研究误差的意义在于，一是可以正确认识误差的性质，分析误差产生的原因，以消除或减小误差；二是正确处理测量实验数据，合理计算所得结果，以便在一定条件下得到更接近于真值的数据；三是正确组织实验过程，合理设计仪器或选择用仪器和测量方法，以便在最经济条件下，得到理想的结果。

二、测量误差的定义

所谓测量误差就是测量结果与被测量的真值之间的差，可用下式表示：

$$测量误差 = 测量结果 - 真值$$

测量结果是由测量所得到的赋予被测量的值，是客观存在的量的实验表现，仅是对测量所得被测量的值的近似或估计，它是人们认识的结果，不仅与量的本身有关，而且与测量程序、测量仪器、测量环境和测量人员等有关。真值是量的定义的完整体现，是与给定的特定量的定义完全一致的值，它是通过完善的或完美无缺的测量才能获得的值。因而，作为测量结果与真值之差的测量误差，也是无法准确得到或确切得知的。

测量误差是表明测量结果偏离真值的差值,它客观存在但人们无法准确得到。

测量误差可用绝对误差表示,也可用相对误差表示。

1. 绝对误差

某量值的测得值和真值之差为绝对误差,通常简称为误差,即

$$绝对误差=测得值-真值$$

由上式可知,绝对误差可能是正值或负值。

所谓真值是指在观测一个量时,该量本身所具有的真实大小。量的真值是一个理想的概念,一般是不知道的。但在某些特定情况下,真值又是可知的。例如,三角形三个内角之和为180°,一个整圆圆周角为360°等。为了使用上的需要,在实际测量中,常用被测的量的实际值来代替真值,而实际值的定义是满足规定精确度的用来代替真值使用的量值。例如在检定工作中,把高一等级精度的标准所测得的量值称为实际值。

在实际工作时,经常使用修正值。为消除系统误差用代数法而加到测量结果上的值称为修正值。将测得值加上修正值后可行近似的真值,即

$$真值 \approx 测得值+修正值$$

测得值加修正值后可以消除该误差的影响。但是,一般情况下难以得到真值,因为修正值本身也有误差,修正后只能得到较测得值更为准确的结果。

2. 相对误差

绝对误差与被测量的真值之比值称为相对误差。因测得值与真值接近,故也可近似用绝对误差与测得值之比值作为相对误差,即

$$相对误差 = \frac{绝对误差}{真值} \approx \frac{绝对误差}{测得值}$$

由于绝对误差可能是正值或负值,因此相对误差可能是正值或负值。

相对误差是无名数,通常以百分数(%)来表示。

对于相同的被测量,绝对误差可以评定其测量精度的高低,但对于不同的被测量以及不同的物理量,绝对误差就难以评定其测量精度的高低,而采用相对误差来评定较为确切。

例如用两种方法来测量 $L_1=100mm$ 的尺寸,其测量误差分别为 $\delta_1 = \pm 8\mu m$, $\delta_2 = \pm 6\mu m$,根据绝对误差大小,可知后者的测量精度高。但若用第三种方法测

量 $L_2=80\text{mm}$ 的尺寸,其测量误差分别为 $\delta_3=\pm 4\mu\text{m}$,此时用绝对误差就难以评定它与前两种方法精度的高低,必须采用相对误差来评定。

第一种方法的相对误差为

$$\frac{\delta_1}{L_1} \approx \pm \frac{8\mu\text{m}}{100\text{mm}} = \pm \frac{8}{100000} = \pm 0.008\%$$

第二种方法的相对误差为

$$\frac{\delta_1}{L_1} \approx \pm \frac{6\mu\text{m}}{100\text{mm}} = \pm \frac{6}{100000} = \pm 0.006\%$$

第三种方法的相对误差为

$$\frac{\delta_1}{L_1} \approx \pm \frac{4\mu\text{m}}{80\text{mm}} = \pm \frac{4}{80000} = \pm 0.005\%$$

由此可知,第一种方法精度最低,第三种方法精度最高。

3. 引用误差

所谓引用误差指的是一种简化和实用方便的仪器仪表示值的相对误差,它是以仪器仪表某一刻度点的示值误差为分子,以测量范围上限值或全量程为分母,所得的比值称为引用误差。即

$$\text{引用误差} = \frac{\text{示值误差}}{\text{测量范围上限}}$$

在仪器全量程范围内有多个刻度点,每个刻度都有相应的引用误差,其中绝对值最大的引用误差称为仪器的量大引用误差。

三、误差分类

按照误差的特点与性质,可分为以下 3 类。

1. 系统误差

在重复性条件下,对同一被测量进行无限多次测量所得结果的平均值与被测量的真值之差,称为系统误差。

由于只能进行有限次数的重复测量,真值也只能用约定真值替代,因此可能确定的系统误差只是其估计值,并具有一定的不确定度。这个不确定度就是修正值的不确定度。

系统误差可通过实验的方法,找出并予以消除,或加修正值对测量结果进行修正。

2. 随机误差

测量结果与在重复性条件下，对同一被测量进行无限多次测量所得结果的平均值之差，称为随机误差。

重复性条件是指在尽量相同的条件下，包括测量程序、人员、仪器设备、环境等，以及尽量短的时间间隔内完成重复测量任务。这里的"短时间"可理解为保证测量条件相同或保持不变的时间段，它主要取决于人员的素质、仪器的性能以及对各种影响量的监控。

实事上，多次测量时的条件不可能绝对地完全相同，多种因素的起伏变化或微小差异综合在一起，共同影响而致使每个测得值的误差以不可预定的方式变化。它是由许多偶然因素所引起的综合结果，既不能用实验的方法消除，也不能修正。

3. 粗大误差

明显超出规定条件下可能出现的误差称为精大误差。粗大误差一般是由于测量者粗心大意或操作失误造成的人为差错。例如读错示值、记录或运算错误、使用有缺陷的仪器等。粗大误差一经发现，必须从测量数据中剔除。

四、误差来源

在测量过程中，误差产生的原因可归纳为以下几个方面。

1. 测量装置误差

a）标准量具误差

以固定形式复现标准量值的器具，如标准量块、标准电池、标准砝码、标准电阻等，它们本身体现的量值，不可避免地都含有误差。

b）仪器误差

凡用来直接或间接将被测量和已知量进行比较的器具设备，称为仪器或仪表，如天平等比较仪器，压力表、温度计等指示仪表，它们本身都具有误差。

c）附件误差

仪器的附件及附属工具，如测长仪的标准环规、千分尺的调整量棒等的误差，也会引起测量误差。

2. 环境误差

由于各种环境因素与规定的标准状态不一致而引起的测量装置和被测量本身的变化所造成的误差，如温度、湿度、空气压力、振动（外界条件及测量人员引起的振动）、重力加速度等所引起的误差。通常仪器仪表在规定的正常工作条件所具有的误差称为基本误差，而超出此条件时所增加的误差称为附加误差。

3. 方法误差

由于测量方法不完善所引起的误差，如采用近似的测量方法而造成的误差。例如用钢卷尺测量大轴的圆周长，再通过计算求出大轴的直径，因近似数 π 取值的不同，将会引起误差。

4. 人员误差

由于测试人员受分辨能力的限制，因工作疲劳引起的视觉器官的生理变化，固有习惯引起的读数误差，以及精神上的因素产生的一时疏忽等所引起的误差。

总之，在计算测量结果的精度时，对上述4个方面的误差来源，必须进行全面的分析，力求不遗漏、不重复，特别要注意对误差影响较大的那些因素。

五、误差的基本性质与处理

任何测量总是不可避免地存在误差，为提高测量精度，必须尽可能消除或减小误差，因此有必要对各种误差的性质、出现规律、产生原因、发现与消除或减小它们的主要方法以及测量结果的评定等方面，作进一步的分析。

（一）随机误差

1. 随机误差产生的原因

环境方面的因素：如温度、相对湿度和大气压力等环境条件的微小变化、电压波动、光照强度变化及电磁场变化等。

测量装置方面的因素：如仪器的不稳定等。

人员方面因素：测量人员的感觉器官的生理变化、瞄准、读数的不稳定等。

2. 正态分布

若测量列中不包含系统误差和粗大误差，则该测量列中的随机误差一般具有以下特征。

（1）绝对值相等和正误差与负误差出现的次数相等，这称为误差的对称性。

（2）绝对值小的误差比绝对值大的误差出现的次数多，这称为单峰性。

（3）在一定的测量条件下，随机误差的绝对值不会超过一定界限，这称为误差的有界性。

（4）随着测量次数的增加，随机误差的算术平均值趋于零，这称为误差的抵偿性。

对于有限次测量，随机误差的算术平均值是一个有限小的量，而当测量次数无限增大时，它趋向于零。

服从正态分布的随机误差均具有以上4个特征。由于多数随机误差都服从正态分布，因此正态分布在误差理论中占有十分重要的地位。

3. 算术平均值

对某一量进行一系列等精度测量，由于存在随机误差，其测得值皆不相同，应以全部测得值的算术平均值作为最后的测量结果。

4. 测量的标准差

由于随机误差的存在，等精度测量列中各个测得值一般皆不相同，它们围绕着该测量列的算术平均值有一定的分散。标准差数值小，该测量列相应小的误差就占优势，任一单次测得值对算术平均值的分散度就小，测量的可靠性就大，即测量精度高。反之，则测量精度就低。因此单次测量的标准差是表征同一被测量的n次测量的测得值分散性的参数，可作为测量列中单次测量不可靠性的评定标准。

（二）系统误差

1. 系统误差产生的原因

环境方面的因素：测量时的实际温度对标准温度的偏差、测量过程中温度、湿度等按一定规律变化的误差。

仪器方面的因素：由于仪器本身的缺陷，如仪器的零点不准、标尺的刻度偏差、仪器附件制造偏差等所产生的误差。

测量方法的因素：由于测量所依据的理论公式本身的近似性，或实验条件不能达到理论公式所规定的要求，或者是实验方法本身不完善所带来的误差。

测量人员方面的因素：由于测量者个人感官和运动器官的反应或习惯不同而产生的误差，它因人而异，并与观测者当时的精神状态有关。

2. 系统误差的特征

系统误差的特征是在同一条件下，多次测量同一量值时，误差的绝对值和符号保持不变，或在条件改变时，误差按一定的规律变化。

系统误差有不变的系统误差、线性变化的系统误差、周期性变化的系统误差和复杂规律变化的系统误差。

3. 系统误差的减小和消除

在测量过程中，发现有系统误差的存在，要做进一步分析比较，找出可能产生系统误差的因素以及减小和消除系统误差的方法。

从产生误差的根源上消除系统误差。它要求测量人员对测量过程中可能产生的系统误差的环节做仔细分析,并在测量前将误差从产生根源上加以消除。如为了防止测量过程中仪器零位的变动,在测量开始前和结束时都需检查零位。如果误差是由外界条件引起的,应在外界条件比较稳定时进行测量,当外界条件急剧变化时应停止测量。

可以用修正的方法消除系统误差。这种方法是预先将测量器具的系统误差检定出来或计算出来,做出误差表或误差曲线,然后取与误差数值大小相同而符号相反的值作为修正值,将实际测得值加上相应的修正值,即可得到不包含该系统误差的测量结果。

(三)粗大误差

粗大误差的数值比较大,它会对测量结果产生明显的歪曲,一旦发现含有粗大误差的测量值,应将其从测量结果中剔除。

1. 粗大误差产生的原因

产生粗大误差的原因是多方面的,主要是测量人员的主观原因,由于测量者工作责任心不强,工作过于疲劳或者操作不当,从而造成了错误的读数或错误的记录。再有就是客观外界条件造成的,如测量条件意外地改变(如机械冲击、外界振动等),引起仪器示值或被测对象位置的改变而产生粗大误差。

2. 防止与消除粗大误差的方法

加强测量者的工作责任心,以严格的科学态度对待测量工作,还要保证测量条件的稳定,避免在外界条件发生剧烈变化时进行测量。在某些情况下,为了及时发现与防止测得值中含有粗大误差,可采用不等精度测量和互相之间进行校核的方法。如对某一被测量,可由两位测量者进行测量、读数和记录;或者用两种不同仪器、或两种不同方法测量。

附表　正交试验设计常用表

（1）$L_4(2^3)$

列号 试验号	1	2	3
1	1	1	1
2	1	2	2
3	2	1	2
4	2	2	1

（2）$L_8(2^7)$

列号 试验号	1	2	3	4	5	6	7
1	1	1	1	1	1	1	1
2	1	1	1	2	2	2	2
3	1	2	2	1	1	2	2
4	1	2	2	2	2	1	1
5	2	1	2	1	2	1	2
6	2	1	2	2	1	2	1
7	2	2	1	1	2	2	1
8	2	2	1	2	1	1	2

（3）$L_9(3^4)$

列号 试验号	1	2	3	4
1	1	1	1	1
2	1	2	2	2
3	1	3	3	3
4	2	1	2	3
5	2	2	3	1
6	2	3	1	2
7	3	1	3	2
8	3	2	1	3
9	3	3	2	1

第四节　数据处理与测量不确定度评估

一、数据处理方法

（一）粗大误差数据剔除方法

由于测量者粗心大意，测量不仔细，不耐心，过于疲劳或者操作不当等原因造成了错误的读数或者错误的记录；又或者测量条件意外地改变（如机械冲击、外界振动等），引起仪器示值的改变，以上两种原因都会导致数据出现粗大误差。粗大误差的数值比较大，会对测量结果产生明显的歪曲，应予以剔除。

粗大误差数据剔除方法主要有莱以特法则、格罗布斯法则、罗曼诺夫斯基法则、狄克松法则三种判定法则。莱以特法则主要适用于测量次数很多时，测量次数较少时主要还是使用格罗布斯法则。

下面以莱以特法则为例，详细介绍粗大误差数据的剔除方法。

莱以特法则使用简便，不需要查表，所以在要求不高时经常使用。判别方法：对于某一测量列，如果发现某 1 次测量残余误差满足下面式子，即

$$|x_i - \bar{x}| = |v_i| > 3\sigma = 3\sqrt{\frac{\sum_{i=1}^{n} v_i^2}{n-1}}$$

则存在粗大误差，应剔除，现在举例说明：

对某一量进行 15 次等精度测量，试判别测量是否含有粗大误差。如表 2-10。

表 2-10　等精度测量结果

序号	l	v	v^2
1	20.42	+0.016	0.000256
2	20.43	+0.026	0.000676
3	20.40	−0.004	0.000016
4	20.43	+0.026	0.000676
5	20.42	+0.016	0.000256
6	20.43	+0.026	0.000676
7	20.39	−0.014	0.000196

(续表)

序号	l	v	v^2
8	20.30	−0.104	0.010816
9	20.40	−0.004	0.000016
10	20.43	+0.026	0.000676
11	20.42	+0.016	0.000256
12	20.41	+0.006	0.000036
13	20.39	−0.014	0.000196
14	20.39	−0.014	0.000196
15	20.40	−0.004	0.000016

通过计算 $\bar{x}=20.404$，

$$3\sigma = 3\sqrt{\frac{\sum_{i=1}^{n} v_i^2}{n-1}} = 0.099$$

根据莱以特法则，明显地发现第8次测量，

$|v_8|=0.104>0.099=3\sigma$，存在粗大误差。

剔除大于3σ的测量值后，重新计算，$\bar{x}=20.411$。

$$3\sigma = 3\sqrt{\frac{\sum_{i=1}^{n} v_i^2}{n-1}} = 0.048$$

对比发现，剩余测量列中没有残余误差 >3σ，即不含粗大误差。

（二）数值修约

在进行具体的数字运算前，通过省略原数值的最后若干位数字，调整保留的末位数字，使最后所得到的值最接近原数值的过程称为数值修约。

数值修约时应首先确定"修约间隔"和"进舍规则"。

修约间隔是确定修约保留位数的一种方式，是修约值的最小数值单位。修约间隔的数值一经确定，修约值即为该数值的整数倍。

进舍规则：

（1）拟舍弃数字的最后一位数字小于5，则舍去。保留其余各位数字不变。

（2）拟舍弃数字的最后一位数字大于5，则进一，保留数字的末位数加1。

（3）拟舍弃数字的最左一位数字是5，且其后有非零数字也进一，保留数字的末位数加1。

（4）拟舍弃数字的最左一位数字是5，且其后无数字或为零时，若所保留的数字为奇数，则进一，即保留数字的末位数加1；若保留的末位数字为偶数，则舍去。

（三）数值计算

1.加减法运算

以参与运算的各数中末位的修约间隔最大的数为准。其余的数均比它保留多一位，多余的应按规定修约。计算结果的末位的修约间隔，应与参与运算的数中末位的修约间隔最大的那个数相同。如果是过程计算，则可多保留一位：

18.3+1.4546+0.876

18.3 为末位最大数量级的数，为"0.1"，则以"0.1"增加一位进行修约。

18.3+1.4546+0.876=20.63 修约：20.6，

如果还要参加下一步运算则取 20.63。

2.乘、除（或乘方、开方）运算：

以参与运算的各数中有效数字位数最少的那个数为准，其余多保留一位，运算结果的有效数字位数应与参与运算的数中有效数字位数最少的那个数相同。如果是过程计算，则可多保留一位：

1.1×0.3268×0.10300

1.1 有效位数最小，进行修约。

1.1×0.3268×0.10300=0.0370 修约：0.037，

如果还要参加下一步运算则取 0.0370。

（四）结果判定

正确记录检测所得的数值。应根据取样量、量具的精度、检测方法的允许误差和标准中的限度规定，确定数字的有效位数（或数位），检测值必须与测量的准确度相符合，记录全部准确数字和一位欠准数字。

正确掌握和运用规则进行计算。应执行进舍规则和运算规则，如用计算器进行计算，也应将计算结果经修约后再记录下来。

要根据取样的要求，选择相应的量具。

可疑数据的舍弃。在测定结果中有时会有偏离平均值许多的测定值，被称为可疑数据，由于可疑数据的存在，会使结果发生不应有的偏移，故对可疑数据应予以舍弃。

二、测量不确定度分析

（一）基本概念

测量不确定度简称不确定度，是表征合理地赋予被测量之值的分散性，与测

量结果相联系的参数。

其中,"合理"是指应考虑到各种因素对测量的影响所做的修正,特别是测量应处于统计控制的状态下,即处于随机控制过程中,也就是说,测量是在重复性条件或复现性条件下进行的,此时对同一被测量做多次测量,所得测量结果的分散性可按贝塞尔公式(下式)算出,并用重复性标准偏差 sr 或复现性标准偏差 sR 表示。

$$s(x_k) = \sqrt{\frac{\sum_{i=1}^{n}(x_i - \bar{x})^2}{n-1}}$$

式中　x_i——第 i 次测量的测得值;

　　　n——测量次数;

　　　$\bar{x}$——n 次测量所得一组测得值的算术平均值。

其中"相联系"意指测量不确定度是一个与测量结果"在一起"的参数,在测量结果的完整表示中应包括测量不确定度。

通常测量结果的好坏用测量误差来衡量,但是测量误差只能表现测量的短期质量。测量过程是否持续受控,测量结果是否能保持稳定一致,测量能力是否符合生产盈利的要求,就需要用测量不确定度来衡量。测量不确定度越大,表示测量能力越差;反之,表示测量能力越强。不过,不管测量不确定度多小,测量不确定度范围必须包括真值(一般用约定真值代替),否则表示测量过程已经失效。

测量不确定度从词义上理解,意味着对测量结果可信性、有效性的怀疑程度或不肯定程度,是定量说明测量结果的质量的一个参数。实际上由于测量工具或是测量中各种因素的干扰,每次测得的结果不是同一值,而是以一定的概率分散在某个区域内的许多个值。虽然客观存在的系统误差是一个不变值,但由于我们不能完全认知或掌握,只能认为它是以某种概率分布存在于某个区域内,而这种概率分布本身也具有分散性。测量不确定度就是说明被测量之值分散性的参数,它不说明测量结果是否接近真值,这正是与误差的区别。

(二)评定方法

在科学技术和大量的生产活动中,不可避免的要进行大量的测量和检测,测量的质量如何要用不确定度来说明,不确定度越小,质量越高,其使用价值也就越高;不确定度越大,测量的质量越低,其使用价值也越低。随着科学技术的发展,人们对检测精度的要求越来越高,不确定度的评定也越来越受重视。一般来说不确定度的评定可以按以下步骤进行:

1. 明确检测依据

测量不确定度的影响因素很多，一般可以从人、机、料、法、环几个方面去分析评定，确定方法是分析评定不确定度的第一步，明确了方法才能明确测量过程中的影响因素，其次只有固定的检测依据采用保证检测的重复性不确定度评定才有意义。

2. 检测过程的描述

这主要是明确各测量参数，并定量表述被测量的值与其所依赖的参数之间的关系。这些参数可能是其他被测量、不能直接测量的量或者常数，应明确所有过程的影响结果。通过过程描述即可明确分析测量中的影响因素。

3. 分析确定测量量

通过测量量的分析选择合适的测量工具，明确溯源途径。

溯源性是通过一条具有规定不确定度的不间断的比较链，使测量结果或测量标准的值能够与规定的参考标准，通常是与国家测量标准或国际测量标准联系起来的特性。完整的分析过程的结果的溯源性可以通过以下步骤建立：

（1）使用可溯源标准来校准测量仪器；分析过程的定量阶段通常使用其值可溯源至 SI 的纯物质的标准物质来进行校准。

（2）通过使用基准方法或与基准方法的结果比较；基准方法的结果通常直接可溯源至 SI 单位，并且相对于该参考标准具有所能获得的最小不确定度。基准方法通常只由国家测量机构来实施，很少用于日常测试或校准。如有可能，通过直接比较基准方法和测试或校准方法的测量结果来达到对基准方法结果的溯源性。

（3）使用纯物质的标准物质 RM；通过测量含有或由已知量纯物质组成的样品可证明溯源性。

（4）使用含有合适基体的有证标准物质（CRM）；对有证基体的 CRM 进行测量，并将测量结果与其有证数值比较可证明溯源性。

（5）使用公认的、规定严谨的程序；通过使用规定严谨并且普遍接受的程序可达到适当的可比性，当估计另一种方法或程序的结果可与这类公认程序的结果相比较时，则可通过比较两者的结果来建立对该公认值的溯源性。

4. 不确定度来源分析

从测量量值考虑检测过程中可能产生的不确定因素，典型的不确定度来源从以下几个方面考虑：

（1）人的因素：操作员读数，对方法理解不同等原因产生的偏差等。

（2）仪器因素：仪器校准准确度的限制、仪器校准曲线本身不确定性，自动积分等计算过程。

（3）物料因素：样品均匀性、取样过程不代表性、贮存条件及时间产生的不确定分量、试剂的纯度、空白值、参考物质/标准物质不确定度等。

（4）检测方法因素：假定的化学反应的影响、其他随机因素。

（5）环境因素：检测方法环境条件影响。在确定这些影响不确定度的因素对总不确定度的贡献时，还要考虑这些因素相互之间的影响。

5. 初步建立数学模型，定性不确定因素之间的关系

数学模型的建立是基于检测方法，考虑不确定度对测量值的影响而定。一般情况下建立数学模型应注意如下问题：

（1）对直接测量的数学模型应考虑测量值或修正系数，可以表示为 y=x+a，或 y=fx。

（2）在检测过程中有多个测量分量时，数学模型要充分反映各分量之间的相互关系。

（3）重复的或多步骤的操作过程，应体现在数学模型中。

（4）复杂分量的数学模型可分层建立数学模型。

6. 分析评定各不确定度分量

要对每一个不确定度来源通过测量或估计进行量化分组以简化评估。首先估计每一个分量对合成不确定度的贡献，排除不重要的分量。由于评定方法不同，分为 A 类和 B 类评定。

（1）对观测列进行统计分析所作的评定，采用 A 类评定。

对输入量 x_i 进行 n_i 次独立的等精度测量，得到测量结果 x_{ik}，$k=1, 2, 3\cdots, n_i$。单次测量结果 x_{ik} 的标准不确定度为：

$$u(x_{ik}) = s(x_{ik}) = \sqrt{\frac{\sum_{k=1}^{n_i}(x_{ik}-x_i)^2}{n_i-1}}$$

观测列的平均值，即估计值 x_i 的标准不确定度为：

$$u(x_i) = s(x_i) = \sqrt{\frac{\sum_{k=1}^{n_i}(x_{ik}-x_i)^2}{n_i(n_i-1)}}$$

（2）由不同于观测列的统计分布所做的评定均为 B 类评定。从道理上讲，如果不计成本，不确定度分量均可由 A 类评定得到，但切实可行的还是可以用的可能变化的有关信息或资料来评定。以下几种情况可采用 B 类评定：

a. 按级使用的仪器不确定度计算。

b. 仪器的最大允许误差。

c. 数字仪表的分辨率。

7. 整理数学模型

将各分量不确定度评定值代入数学模型中，整理简化数学模型。

8. 计算合成标准不确定度

$$u_c^2(x_i) = \sum \left(\frac{\partial f}{\partial x_i}\right)^2 u^2(x_i) + 2\sum_{i=1}^{N-1}\sum_{J=i+1}^{N} \frac{\partial f}{\partial x_i}\frac{\partial f}{\partial x_j} r(x_i, x_j) u(x_i) u(x_j)$$

当各分量无关时，合成标准不确定度

$$u_c(y) = \sqrt{\sum u_i^2}$$

当各分量完全正相关时

$$u_c(y) = \sum u_c$$

9. 计算扩展不确定度

将合成标准不确定度 u_c 乘以包含因子 k，可得扩展不确定度，即 $U=ku_c$，一般情况下采用 95% 的置信区间，$k=2$。

10. 不确定度报告

不确定度报告应完整，如报告 U 时，还应报告 k，p。也可报告 u_c。以焦油粘度 1.12 为例，报告形式如下：$E_{80}=1.12 \pm 0.03$，置信概率为 95%，其中扩展不确定度为 0.03，$k=2$。

三、结果应用

测量不确定度是测量质量的一个极其重要的指标，其广泛应用于计量、标准、认可认证、质量监督等部门。下面我们通过在金属洛氏硬度测量中对不确定度的分析与计算，介绍不确定度在农业机械硬度测量中的实践应用。

（一）概述（第一步）

（1）测量方法：依据 GB/T 230—1991《金属洛氏硬度试验方法》。

（2）环境条件：测量一般在 10~35℃ 室温进行。对精度要求较高的测量，室温应控制在 23±5℃。以下测量在 26℃ 条件下进行。

（3）测量仪器：HR150 洛氏硬度计。

（4）被测对象：硬度块。

（5）测量过程：根据 GB/T 230—1991，在规定环境条件下，选用 HRA，HRB，HRC 标尺对硬度块 82.1HRA，61.9HRA，24.5HRA。91.6HRB，66.5HRB，35.1HRB，62.1HRC，44.5HRC 和 27.2HRC，以下简称 HRA 高、HRA 中、HRA 低，HRB 高、HRB 中、HRB 低、HRC 高、HRC 中、HRC 低进行硬度测量，最后测得 HRA，HRB，HRC 值。

（6）其他有关的说明：符合上述条件或条件十分接近一般可直接使用本次不确定度的评定结果，其它情况可使用本次不确定度的评定方法。

（二）数学模型的建立（第二步）

数学模型为：$y=x$。式中：x 为被测样块硬度读出值；y 为被测样块硬度测量值。

（三）测量不确定度来源的分析（第三步）

假设测量在恒温的条件下进行，即不考虑温度效应所引起的不确定度分量，金属洛氏硬度计示值误差测量结果不确定度主要来源于以下几个方面。

（1）测量重复性引入的标准不确定度。

（2）硬度计不确定度所引入的标准不确定度。

（3）硬度块不确定度所引入的标准不确定度。

（四）标准不确定度分量的评定（第四步）

1. 测量重复性引入的标准不确定度

通过连续测量得到测量列，采用 A 类方法进行评定。

对洛氏硬度计，选择 HRC 标尺，连续测量 10 次，测得的数值列于表 2-11。

表 2-11 连续测量 10 次所得的结果

序号	1	2	3	4	5	6	7	8	9	10
示值	61.9	62.0	62.4	62.0	61.8	62.1	62.1	62.0	61.7	61.9

统计计算：$\overline{HR} = \sum_{i=1}^{n} HR_i / n = 62.0$

对单次测量，标准差为 $S = \sqrt{\frac{1}{n}\sum_{i=1}^{n}(HR_i - \overline{HR})^2} = 0.1912$

对多次测量，算术平均值 HR 的标准差为 $S(HR) = S/\sqrt{n}$

实际测量的情况是在重复条件下连续测量 3 次，以 3 次测量值的算术平均值作为测量值，即 $S(HR) = S/\sqrt{3}$，所以，将 $U_r(HR) = S(HR)$ 称为 A 类标准不确定度。

根据参考文献 [7]，计算出各个单次标准差 S，采用 S 中的最大值 S_{max} 来评定标准不确定度分量。见表 2-12、表 2-13。

表 2-12 测量数据及计算结果

硬度块	实测值										平均值	标准差
82.1HRA	81.8	82.3	82.4	82.0	81.9	82.3	81.8	82.4	82.3	81.9	82.1	0.2514
	81.7	82.4	82.4	82.0	81.8	82.2	81.8	82.3	82.2	81.8	82.1	0.2716
	81.6	82.2	81.9	82.1	81.9	81.8	82.2	82.1	82.4	81.7	82.0	0.2514
61.9HRA	61.6	61.9	61.5	61.7	61.8	61.6	61.5	61.6	62.0	62.1	61.7	0.2111
	61.5	61.8	61.6	61.6	61.7	61.5	61.6	62.1	62.3	62.5	61.8	0.3553
	61.6	61.9	61.3	61.5	61.8	61.6	62.1	61.7	62.4	62.5	61.8	0.3893
24.5HRA	24.0	24.2	24.1	24.5	24.7	24.3	24.2	24.5	24.1	24.7	24.3	0.2541
	24.1	24.0	24.1	24.2	24.4	24.7	24.1	24.2	24.3	24.0	24.2	0.2132
	24.1	24.0	24.1	24.1	24.3	24.5	24.0	24.2	24.1	24.1	24.2	0.1509
91.6HRB	91.4	91.6	91.2	91.0	92.0	91.5	91.8	91.2	92.4	92.0	91.6	0.4383
	91.3	91.5	91.1	91.0	92.0	91.3	91.8	91.2	92.5	91.8	91.6	0.4696
	91.4	91.7	91.1	91.2	91.8	92.0	92.0	91.8	92.5	91.7	91.7	0.4131
66.5HRB	66.0	66.3	66.5	67.0	66.5	66.3	66.4	66.5	66.3	66.2	66.4	0.2625
	66.1	66.2	66.4	66.9	66.2	66.3	66.4	66.2	66.1	66.2	66.3	0.2357
	66.2	66.3	66.5	66.7	66.1	66.2	66.3	66.1	66.2	66.1	66.3	0.1946
35.1HRB	35.0	34.6	34.1	35.1	35.2	35.0	34.2	34.7	35.1	35.2	35.0	0.4050
	34.9	34.7	34.6	35.1	35.2	35.0	34.6	34.5	34.8	34.6	34.8	0.2404
	34.7	34.8	34.6	35.2	35.0	35.0	34.7	34.7	34.6	34.5	34.8	0.2201
62.1HRC	61.9	62.0	62.4	62.0	61.8	62.1	62.1	62.0	61.7	61.9	62.0	0.1912
	61.8	61.9	62.2	62.0	61.9	62.2	62.1	62.0	61.7	61.8	62.0	0.1476
	61.7	61.8	61.9	62.0	61.7	61.9	62.1	62.0	62.1	61.9	61.9	0.1476

（续表）

硬度块	实测值										平均值	标准差
44.5HRC	44.3	44.6	44.5	44.0	44.3	44.2	44.4	44.7	44.6	44.5	44.4	0.2132
	44.4	44.3	44.3	44.0	44.1	44.2	44.5	44.3	44.2	44.1	44.2	0.1506
	44.2	44.0	44.2	44.1	44.3	44.1	44.2	44.4	44.2	44.3	44.2	0.1155
27.2HRC	27.5	27.0	27.8	27.2	27.5	27.4	27.6	27.5	27.4	27.8	27.5	0.2452
	27.4	27.3	27.3	27.2	27.5	27.4	27.5	27.6	27.5	27.3	27.4	0.1247
	27.7	27.6	27.4	26.8	27.4	27.8	27.5	27.8	27.6	26.9	27.4	0.3472

表 2-13　各组数据统计量计算值（$n=10$）

标尺	S_{max}	$U_r(HR)$	标尺	S_{max}	$U_r(HR)$	标尺	S_{max}	$U_r(HR)$
HRA 高	0.2716	0.1568	HRA 高	0.4696	0.2711	HRA 高	0.1912	0.1104
HRA 中	0.3893	0.2248	HRA 中	0.2625	0.1516	HRA 中	0.2132	0.1231
HRA 低	0.2541	0.1467	HRA 低	0.4050	0.2338	HRA 低	0.3472	0.2005

2. 硬度计不确定度所引入的标准不确定度

主要来源于硬度计和硬度块。

（1）根据 JJG 112—1991 给出的硬度计示值允差，用 B 类方法进行评定，示值允差服从均匀分布，所以不确定度分量 $U(HR_1)$ 为 $U(HR_1) = a/\sqrt{3}$，式中 a 为示值允差 δ 的半宽，计算结果见表 2-14。

表 2-14　硬度计各标尺的 $U(HR_1)$

标尺	硬度范围	硬度计示值允差 δ	$U(HR_1)$
A	>75~88HRA（高）	±1.0HRA	0.5774
	>40~75HRA（中）	±1.5HRA	0.8660
	20~40HRA（低）	±2.0HRA	1.1547
B	>80~100HRB（高）	±1.5HRB	0.8660
	>45~80HRB（中）	±2.0HRB	1.1547
	20~45HRB（低）	±3.5HRB	2.0207
C	>55~70HRC（高）	±1.0HRC	0.5774
	>30~55HRC（中）	±1.2HRC	0.6928
	20~30HRC（低）	±1.5HRC	0.8660

（2）根据 GB 2850—1992 给出的硬度块均匀度最大允许值计算，即 B 类方法进行评定，其中 $\overline{HR}$ 为所测量 10 点硬度值的算术平均值，最大允许值 A_{max} 服从均匀分布，则：

$$U(HR_2) = \frac{A_{max}/2}{\sqrt{3}}$$

其计算结果见表 2-15。

表 2-15　各标尺硬度块的 $U(HR_2)$

标尺	硬度范围	均匀度最大允许值 A_{max}	$\overline{HR}$	$U(HR_2)$
A	>75~88HRA（高）	0.015（100-$\overline{HR}$）	82.1	0.0775
	>40~75HRA（中）		61.8	0.1654
	20~40HRA（低）		24.3	0.3278
B	>80~100HRB（高）	0.03（130-$\overline{HR}$）	91.6	0.3326
	>45~80HRB（中）		66.4	0.5508
	20~45HRB（低）		35.0	0.8227
C	>55~70HRC（高）	0.015（100-$\overline{HR}$）	62.0	0.1645
	>30~55HRC（中）		44.4	0.2408
	20~30HRC（低）		27.4	0.3144

（3）由于硬度计示值允差引入的不确定度与硬度块均匀度最大允差的引入不确定度两者是独立的，参考有关文献[7]两者可以按下式合成。

$$U_b(HR) = \sqrt{U^2(HR_1) + U^2(HR_2)}$$

根据上式，将数据代入计算，求得各标尺 $U_b(HR)$ 的结果见表 2-16。

表 2-16　由硬度计示值允差和硬度块均匀度引入的各标尺的标准不确定度分量

标尺	硬度范围	$U(HR_1)$	$U(HR_2)$	$U_b(HR)$
A	>75~88HRA（高）	0.5774	0.0775	0.5826
	>40~75HRA（中）	0.8660	0.1654	0.8817
	20~40HRA（低）	1.1547	0.3278	1.2000
B	>80~100HRB（高）	0.8660	0.3326	0.9277
	>45~80HRB（中）	1.1547	0.5508	1.2793
	20~45HRB（低）	2.0207	0.8227	2.1818
C	>55~70HRC（高）	0.5774	0.1645	0.6004
	>30~55HRC（中）	0.6928	0.2408	0.7335
	20~30HRC（低）	0.8660	0.3144	0.9213

（五）合成标准不确定度的评定

因为测量重复性引入的不确定度分量、硬度计示值允差引入的不确定度分量与硬度块均匀度最大允差引入的不确定度分量是相互独立的，所以合成不确定度可按下式计算。

$$U_c(HR) = \sqrt{U_r^2(HR_1) + U_b^2(HR_2)}$$

根据上式，将数据代入计算，求得各标尺 $U_c(HR)$ 的结果见表2-17。

表2-17 合成不确定度 $U_b(HR)$

标尺	硬度范围	$U_r(HR)$	$U_b(HR)$	$U_c(HR)$
A	>75~88HRA（高）	0.1568	0.5826	0.6033
	>40~75HRA（中）	0.2248	0.8817	0.9099
	20~40HRA（低）	0.1467	1.2000	1.2089
B	>80~100HRB（高）	0.2711	0.9277	0.9665
	>45~80HRB（中）	0.1516	1.2793	1.2883
	20~45HRB（低）	0.2338	2.1818	2.1943
C	>55~70HRC（高）	0.1104	0.6004	0.6105
	>30~55HRC（中）	0.1231	0.7335	0.7438
	20~30HRC（低）	0.2005	0.9213	0.9429

（六）扩展不确定度

扩展不确定度 U 为合成不确定度 $U_c(HR)$ 与包含因子 K 的乘积。取 k=2，则，$U=kU_c(HR)$ 经计算可得到表2-18。

表2-18 扩展不确定度 U

标尺	硬度范围	$U_c(HR)$	U
A	>75~88HRA（高）	0.6033	1.2066
	>40~75HRA（中）	0.9099	1.8198
	20~40HRA（低）	1.2089	2.4178
B	>80~100HRB（高）	0.9665	1.9330
	>45~80HRB（中）	1.2883	2.5766
	20~45HRB（低）	2.1943	4.3886
C	>55~70HRC（高）	0.6105	1.2210
	>30~55HRC（中）	0.7438	1.4876
	20~30HRC（低）	0.9429	1.8858

（七）确定度报告

金属洛氏硬度测量结果的扩展不确定度为HRA高标尺：$\overline{HRA_{高}}$ =82.1，U=1.2，k=2

其意义是：可以期望在 82.1-1.2（HRA）至 82.1+1.2（HRA）的区间包含了测量结果可能值的 95.45%。

以下每个标尺报告的意义与上相同。

HRA 中标尺：$\overline{HRA_{中}}$=61.8，U=1.8，k=2；
HRA 低标尺：$\overline{HRA_{低}}$=24.2，U=2.4，k=2；
HRB 高标尺：$\overline{HRB_{高}}$=91.6，U=1.9，k=2；
HRB 中标尺：$\overline{HRB_{中}}$=66.3，U=2.6，k=2；
HRB 低标尺：$\overline{HRB_{低}}$=34.8，U=4.4，k=2；
HRC 高标尺：$\overline{HRC_{高}}$=62.0，U=1.2，k=2；
HRC 中标尺：$\overline{HRC_{中}}$=44.3，U=1.5，k=2；
HRC 低标尺：$\overline{HRC_{低}}$=27.4，U=1.9，k=2。

（八）结论

（1）从本文的计算和评定可知，对于包括测量人员及硬度计测量重复性所引起的不确定度分量 U_r(HR)（A 类评定），不管是 A 标尺还是 B 标尺或 C 标尺，其高标尺测试值较稳定。这个结果合乎常规的测试规律。

（2）从计算结果还可以看出，不管对于何种标尺，由硬度计示值允差和硬度块均匀度最大允许值引起的不确定度分量 U_b(HR)（B 类评定）均高于 U_r(HR)，因此在总的不确定度中，分量 U_b(HR) 占了主导地位。

（3）在评定由硬度计示值允差引起的不确定度 U(HR$_1$) 和由硬度块均匀度引起的不确定度 U(HR$_2$) 时，皆采用了检定规程（JJG 112—1991）和国标（GB 2850—1992）中的最大允差值，因此，所求出的 U(HR$_1$) 和 U(HR$_2$)[从而 U_b(HR)] 皆是最大值，也就是说本文的最终结果（扩展不确定度）实际上是最大值。在许多情况下，如实验室中所用的硬度计或硬度块检定证书给出的允差或不确定度比本文引用的要小，那么，所得到的最终结果比本文给出的要小。

（4）影响硬度测量结果不确定度的因素还有试样状态（包括取样、加工等）、加载速度、保荷时间、实验室温度、标尺的选择等因素。而本文的评定是基于实验室完全满足有关 GB/T 230—1991 标准的要求，在上述诸多因素所引起的不确定度可忽略不计的情况下，对主要因素：测量重复性、硬度计、硬度块所引起的主要不确定度分量及合成不确定度、扩展不确定度进行了评定，在实验室是可控的情况下，符合上述条件或条件十分接近的，一般可直接使用本不确定度的评定结果，其它情况，可使用本不确定度的评定方法。

第三章 常用检测技术及仪器设备

农机鉴定离不开农机检测,农机检测涉及面广,使用仪器设备较多,一般用于宏观检测,如几何尺寸测量、物质质量测量、时间频率测量、力学测量等。按检测方法可分为直接检测和间接检测;按检测形式可分为人工检测,自动检测,智能检测,遥感检测;按被测物体运动状态可分为静态检测,动态检测,瞬态(采样)检测。因此农机检测要根据机具的具体情况,依据相应的技术标准,在规定的工作条件下,采用相应的检测方法。

第一节 农机检测技术

农机检测是在常规的测量基础上发展的一门专业检测技术。一般分为实验室试验和田间试验,实验室试验是在人为控制的条件下对农业机械整机或部件进行性能试验或结构试验。因此,它可以不受自然条件的限制,从而延迟试验时间。此外,在可控的条件下容易实现"单参数"试验,因而便于进行精准测量和研究。实验室试验通常在专门的试验台上进行(如发动机台架试验、卷帘机台架试验、土槽试验台、排种器试验台),一般具有科学研究性质。由于在实验室模拟田间工作条件有一定的困难,因而这类试验有一定的局限性。

田间试验是在田间条件下进行的性能试验和结构试验,试验地一般都要经过选择,具有典型性和代表性,一般是在机具适宜工作的田间或场地进行,通过直接或间接的方法,测量机具工作期间的状态和工作后的主要性能指标。田间试验可以是科学研究性质的,也可以是生产鉴定性质的。

同时在工作期间跟踪机具介于机械测量和工程测量之间,机械测量一般侧重几何量的测量，工程测量包括在工程建设勘测、设计、施工和管理阶段所进行的各种测量工作。

一、台架试验

（一）发动机技术经济性能指标

发动机技术经济性能指标是通过发动机台架试验，在相对稳定的环境中，经过规定的试验程序，对发动机的动力性、经济性、可靠性和耐久性等指标进行评价。一般以发动机气缸每升工作容积所能发出的功率来表示主要比较指标，除此以外，在评价发动机技术经济性能时还常用以下指标：

功率——发动机铭牌上标明的标定功率。拖拉机发动机的标定功率（12 小时功率）是按发动机使用范围内负荷最重的工作需要，并留有储备和发展余地来确定的。

转速——标定功率时的相应转速。

扭矩储备——在标定功率相应的转速下降 1/4~1/3 处的发动机的扭矩，一般应不小于 15%。

耗油率——除要求标定工况的耗油率值外，还要求耗油率曲线变化平缓。

机油消耗率——以克/千瓦·小时计。

可靠性和耐久性指标——发动机可靠性的高低一般可以用工作中发生的故障或需要停机维护的次数或频繁程度来衡量。发动机的耐久性一般以大修期限和工作寿命来表征，目前我国拖拉机柴油机大修期限为 1 500~2 000 小时，工作寿命 10~15 年。

（二）发动机台架试验内容

发动机台架试验包括以下内容。

1. 总功率、净功率试验

发动机总功率是指发动机在全负荷状态下，仅带维持运转所必须的附件时所输出的功率，又称最大功率。此时被测发动机一般不带空气滤清器、冷却风扇灯附件，新出厂的发动机的最大输出功率一般是指发动机的额定功率。常在额定功率后注有"净"字，以示区别。净功率是指在全负荷状态下，发动机带全套附件时所输出的功率。

2. 调速特性试验

在调速器工作特性中，把调速器起作用控制转速稳定的一段曲线（一般横坐标为转速，纵坐标为齿杆行程）称为调速特性。

调速器它能够灵敏的感觉到外界负荷变化所引起的柴油机转速的变化而自动调节喷油泵供油拉杆的位置增减供油量，从而改变喷油泵的自然供油特性，改变柴油机的扭矩特性，适应外界负荷的要求，保持柴油机的转速始终在给定的范围内稳定运转，以防止柴油机熄火和超速。

调速器的调速特性是指喷油泵供油调节拉杆的位置随喷油泵凸轮轴转速而变化的规律。通常它用特性曲线的形式来表示。

两极式调速器的调速特性：

全程式调速器和两极式调速器的调速特性曲线可以看出，操纵杆在全负荷位置时它们的特性曲线形状相似（带校正装置），但部分特性曲线不相同。

全程式调速器操纵杆在不同位置，调速器起作用转速不同，使调速器有无数个调速范围，都能根据负荷的变化自动调速。两极式调速器不管操纵杆在任何位置，其调速器起作用转速不变，只有在怠速和高速调节范围可以自动调节。

调速特性结论：

机械式调速器的工作稳定性与调速率的关系是随着转速变化而不同。在实际的结构中低速时用软弹簧，在高速时用硬弹簧，这样既保持了原有的调速率又不失去稳定性。

机械式调速器由于结构的差异，所以型式较多，它们之间的差异仅在于它们的工作点和工作转速区间不同，但工作原理是没有原则的区别。

随着柴油机的飞速发展，不断的向强化（增压和扩大缸径）和高速化发展，车用喷油泵调速器的发展也很快。在额定工况时喷油泵应有较大的循环供油量，提高喷油速率和喷油压力。调速器的调速率不超10%（日产两极式 RAD 调速器的调速率只有4%），不灵敏度在2%以内，泵体刚度要高，密封性好。

为使喷油压力提高后的喷油泵定型，必须采取措施提高喷油泵的低速稳定性和耐久性。比如把 RFD 调速器的飞锤重量在增加5%，以提高它的低速控制能力，同时为适应耐久性的要求，吸收驱动调速器飞锤的凸轮轴的传动扭矩变化所引起的冲击振动，研制出使用橡胶块减震器的 RFD—D 型调速器。

3. 负荷特性试验

负荷特性是指当发动机转速一定时，经济性指标的有效比燃油消耗量随发动机负荷的变化关系。利用这一变化曲线，可最全面地确定发动机在各种负荷和转速时的经济性。

由于发动机转速是经常变化的，需要测定发动机不同转速下的负荷特性，才能全面评价不同转速和不同负荷下发动机的燃油经济性。以汽油机为例，启动发动机后逐渐开启节气门，直至最大，同时调节载荷使发动机保持某一转速稳定运行，测定此工况下发动机输出功率及燃油消耗量。然后再关小节气门，调整载荷使发动机保持转速不变再测定。如此依次进行下去，直到发动机能保持稳定工作的最小节气门开度，得到不同负荷和转速下的燃油消耗量。不同转速下的发动机负荷特性曲线变化的趋势是差不多，只是具体数值的不同。

发动机分为汽油机和柴油机两大类。汽油机是依靠节气门调节负荷的，因此汽油机负荷特性又称节流特性；柴油机是靠改变喷油量来调节负荷的，通过喷油量变化改变混合气成分，因此柴油机负荷特性又称燃油调整特性。

普通汽油机负荷特性曲线的特征，开始启动时 ge 最大（此时需要浓混合气），但随节气门逐渐开启负荷增大而 ge 减少直至最低点，此时节气门接近全开。继续开大节气门，ge 又会开始上升，曲线呈现一条内凹抛物线。曲线的最小 ge 值越低越好，同时 ge 随负荷的变化越平缓，发动机在不同负荷下工作的经济性越好。从曲线的形状，可以分析出哪一个负荷区域是最经济的。（如图 3-1）

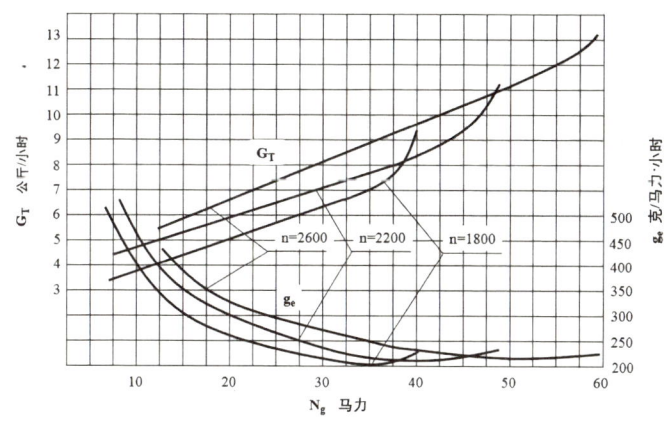

图 3-1　不同转速下汽油机的负荷特性

柴油机负荷特性曲线的走向特征与汽油机基本一样。但两者对比，柴油机的负荷特性曲线比较平坦，这也就是为什么柴油机比汽油机省油的重要原因。（如图 3-2）

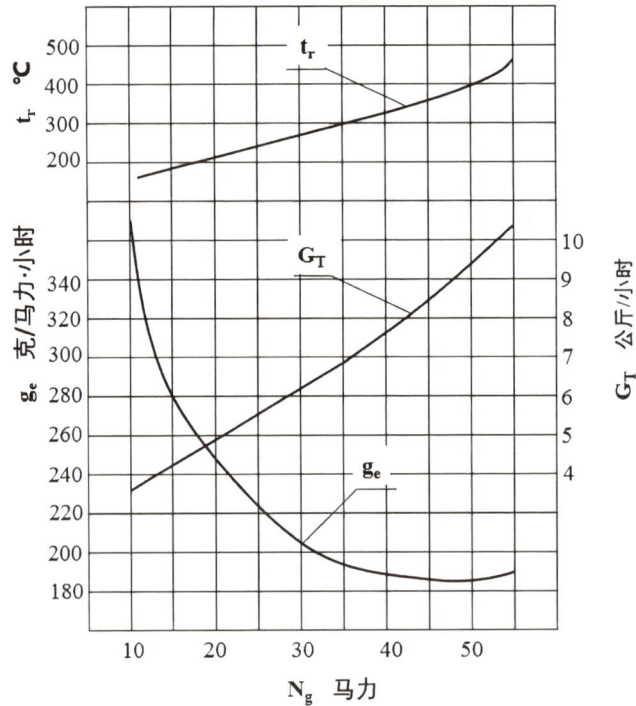

图 3-2 柴油机的负荷特性

4. 怠速试验

发动机空转时，克服本身的运转阻力，维持发动机最小转速称为怠速，一般来讲，怠速转速以发动机不抖动时的最低转速为最佳。

怠速试验是考核发动机在空转时的经济特性。在实际使用过程中以便于驾驶员在各种情况下行驶和临时停车提供便利。如在等信号灯，或者在交通拥堵路段，虽然时间很短，但是暂时让发动机熄火，便能带来立竿见影的节能减排效果。

5. 万有特性试验

万有特性是显示发动机转速和负荷组合的不同功率时的性能变化规律。柴油机的万有特性一般根据发动机不同转速下的负荷特性曲线作出，汽油机的万有特性一般根据节气门不同开度时的速度特性曲线族作出，它是发动机速度曲线和负荷特性的综合，可以表明发动机多因素对性能指标的影响。

6. 机械损失功率试验

机械损失是发动机在运动过程中由于机械摩擦损失、轴承摩擦损失、气阀机构摩擦损失以及其他传动机构引起的损失，发动机机械损失的原因极为复杂，以致无法用分析的办法来求出准确的数值，为了获得较为可信的结果，只有通过实际发动机试验台来测定。即发动机在某一工况下稳定运行水温、油温正常后，停油并将电力测功机转换为电动机倒拖到给定的转速，并尽量保持水温和油温不变，测功机消耗的功用来克服机械损失，测得的功率就是倒拖功率，也是该工况下的机械损失功率。

7. 各缸工作均匀性试验

各缸工作均匀性试验是指发动机各缸工作的均匀程度，它是多缸机一个很重要的性能指标，多缸机实际就是单缸机的复合但绝不是简单的叠加。如果发动机设计各缸均匀性不好，会引起很多问题。首先由于工作不均匀各缸不能同时达到最佳的工作状态，就会使发动机的动力性能遭受损失，其次由于工作不均匀，各缸不能同时处于经济工作状态，使发动机经济性降低，造成燃烧不良，发动机排放水平随之恶化，影响环境。因此，各缸工作均匀性试验是评价各缸混合气空燃比的均匀性。

8. 机油消耗量试验

机油消耗量试验是发动机在一定的工况下工作一定的时间，其机油消耗的数量。发动机机油具有冷却、润滑、清洁、密封和防锈等五大功能。

9. 全负荷稳态烟度试验

全负荷稳态烟度试验是在发动机的节气门全开或喷油量最大时的工况下，稳定工作一段时间后发动机排出的烟度测量过程。

烟度是指发动机定容量排气所透过的滤纸的染黑度，是柴油机重要排放指标。烟度值的数值范围为0~10，空白滤纸的烟度为零，全黑滤纸的烟度为10。

10. 排气污染物试验

排气污染物指发动机排气管排放的气体污染物。通常指一氧化碳（CO）、碳氢化合物（HC）及氮氧化物（NOX）。氮氧化物（NOX）用二氧化氮（NO_2）当量表示。

11. 可靠性试验

可靠性试验是对产品进行可靠性调查、分析和评价的一种手段。试验结果为故障分析、研究采取的纠正措施、判断产品是否达到指标要求提供依据。

可靠性试验是指发动机在规定条件下和规定时间内完成规定的功能。可靠性并非是一个定值，它随规定条件环境、使用及维护等条件、规定时间的时间起点和时间间隔等规定功能。它与耐久试验有着一定的区别，耐久试验一般是指工作寿命长短，耐久试验涉及产品设计、制造、材料、工艺，制造过程中的质量管理以及用户使用维护的水平等条件。因此，工作寿命是一个系统工程。一般耐久试验的时间长度大于可靠性试验时间。

（三）卷帘机台架试验

卷帘机台架试验主要是检测卷帘机输出扭矩、输出功率和输出转速的专用设备。一般有单侧加载和双侧加载两种，主要包括固定台架、加载及控制调解设备等。

图 3-3 卷帘机台架

固定台架用于安装卷帘机，并保证卷帘机输出轴与所加载荷在同一轴心上，中间用联轴器连接。图 3-3 为卷帘机台架主要设备磁粉制动器、联轴器、扭矩传感器、控制调解器。

加载及控制调解设备目前一般使用磁粉制动器和恒流恒压调解器。磁粉制动器工作原理是在通电作用下，利用了磁粉这种工作介质会形成磁粉链（接通电流的磁粉会在磁力线的作用下形成）把内外转子连接起来，进而达到了传递和控制转矩的目的。一个完整的磁粉制动器通常包括激磁线圈、磁粉、内转子以及外转子等部件。

二、现场试验

现场试验指当实验刺激的是研究者所不能控制的自然界突发事件、重大社会事件或人为事件的时候，研究者往往选择在实际环境中进行实验。也可以认为是试验者在接近研究物体的实际环境中进行检测或测试活动。与之相对应的是实验室实验，即在人造的隔离环境中进行的试验。

农业机械检测一般以现场试验居多，场地环境影响因素多，试验复杂，检测结果属于大概率事件，不可复制。如耕整地试验、谷物的收获试验、植保机械现场试验等。

三、模拟试验

模拟试验是在人为控制研究对象的条件下进行观察，模仿实验的某些条件进行的实验。模拟实验是科学实验的一种基本类型。

在农业机械的试验检测中,有些项目可以进行模拟试验,如自走式收获机坡道停车、孵化机温度场测试、植保机械喷药性能、播种机播种均匀性等。但有些项目是不可以进行模拟试验,如耕整地机械性能试验、谷物收获性能试验、收获后处理机械性能、农产品初加工设备等。因此农业机械现场试验季节性强,在进行各类机械检测时应把握好农时,一旦错过,将至少推迟一个试验周期。

第二节　常用仪器仪表

农业机械检测常用仪表按检测对象一般有长度、时间频率、物质质量、电参数、温度、噪声、振动等测量仪器。

一、通用试验检测仪器设备

（一）长度测量仪

1. 卷尺

根据不同测量目标,选择不同量程的卷尺。有 1m、3m、5m、10m、30m、50m 等多种不同规格,使用方便,建议使用钢尺,使用过程中不要弯折。

2. 激光测距仪

激光测距仪是利用调制激光的某个参数实现对目标的距离测量的仪器,原始的测量距离都是用卷尺,但横跨高山、河流的距离用卷尺来测量就很不方便了,现在人们都选择了激光测距仪来测量长度,误差小,也很方便。图 3-4 为手持式激光测距仪,图 3-5 为望远镜式激光测距仪。

图 3-4　手持式激光测距仪

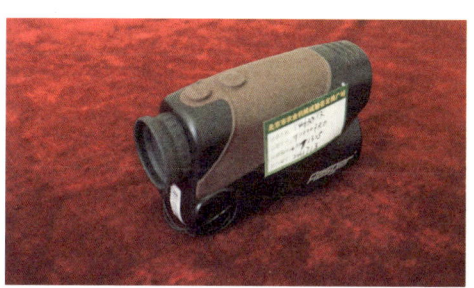

图 3-5　望远镜式激光测距仪

望远镜式激光测距仪使用方法：

① 开启激光测距仪电源开关，有的激光测距仪是通过轻按"发射键"，测距仪内部电源就可以打开，通过目镜可看见测距仪处于待机状态。

② 在测量前，要选择好测量单位，方法是长按"模式键"，就可以直接选择你要选择的单位。

③ 准备工作都做好之后，通过测距仪目镜中的"内部液晶显示屏"瞄准被测物体，注意手不要抖动，这样可以减小误差，测量结果会更准确。

④ 确定描准之后，轻按"发射键"，这时测量的距离就会显示在"内部液晶显示屏"上，记下这个数值，如果担心测量不准确，可以多测几次。

⑤ 在瞄准被测物体时，如果感觉被测物体不是很清晰，可以通过"+/-2屈光度调节器"来调节被测物体远近的清晰度，即通过顺转或逆转来调节远近，以达到最理想的清晰度。

⑥ 各种品牌各种型号激光测距仪可能会有所差异，但基本使用方法都是大同小异，看看说明书应该操作都不会有问题。

3. 游标卡尺

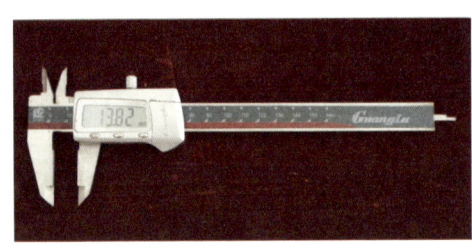

图3-6　数字显示游标卡尺

游标卡尺是工业上常用的测量长度的仪器，可直接用来测量精度较高的工件，如工件的长度、内径、外径以及深度等，农业机械的一些零配件检测一般可以用到，目前有传统和数字显示两种，图3-6为数字显示游标卡尺。

游标卡尺由主尺和附在主尺上能滑动的游标两部分构成。传统游标卡尺按游标的刻度值来分有0.1、0.05、0.02mm三种，0.02mm较普遍；数字显示游标卡尺以0.01mm较普遍。

（1）游标卡尺的读数方法：以传统游标卡尺刻度值0.02mm的精密游标卡尺为例，读数方法，可分三步：

① 根据副尺零线以左的主尺上的最近刻度读出整毫米数；

② 根据副尺零线以右与主尺上的刻度对准的刻线数乘上0.02读出小数；

③ 将上面整数和小数两部分加起来，即为总尺寸。

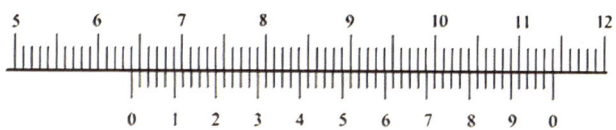

图 3-7 0.02mm 游标卡尺的读数方法

如图 3-7 所示，副尺 0 线所对主尺前面的刻度 64mm，副尺 0 线后的第 9 条线与主尺的一条刻线对齐。副尺 0 线后的第 9 条线表示：0.02×9= 0.18mm 所以被测工件的尺寸为：64+0.18=64.18mm。

（2）游标卡尺的使用方法：将测量卡尺量爪并拢，查看游标和主尺身的零刻度线是否对齐，如果对齐就可以进行测量；如没有对齐则要记取零误差，游标的零刻度线在尺身零刻度线右侧的叫正零误差，在尺身零刻度线左侧的叫负零误差（这种规定方法与数轴的规定一致，原点以右为正，原点以左为负）。测量时，右手拿住尺身，大拇指移动游标，左手拿待测外径（或内径）的物体，使待测物位于外测量爪之间，当与量爪紧紧相贴时，即可读数。

4. 千分尺

千分尺是比游标卡尺更精密的长度测量仪器，适用于测量产品的外尺寸（长度、宽度、厚度）等，量程按 25mm 分档，量程范围在 0~25mm 之间，图 3-8 为数字千分尺。

（1）千分尺的使用方法：

① 清洁千分尺的尺身和测砧。

② 然后将千分尺校对零线。

③ 将被测件放到两工作面之间，调微分筒，使工作面快接触到被测件后，调测力装置，直到听到三声"咔、咔、咔"时停止。

图 3-8 数字显示千分尺

④ 看了以上的千分尺读数方法图解及使用方法，相信大家都差不多了解了千分尺平时是怎么读数的，知道了如何正确使用千分尺。

（2）千分尺的读数方法：

① 千分尺有很多种，常见的为外径千分尺，用来测量所测物的外尺寸，它有测砧、测微螺杆、锁紧装置、固定套筒、微分筒及棘轮组成，图 3-9 为千分尺结构。

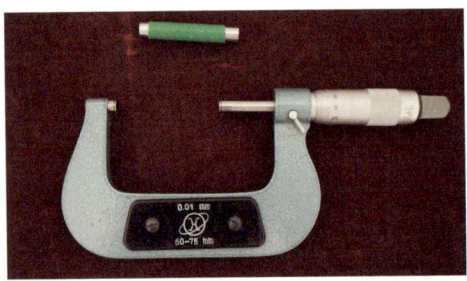

图 3-9 千分尺结构

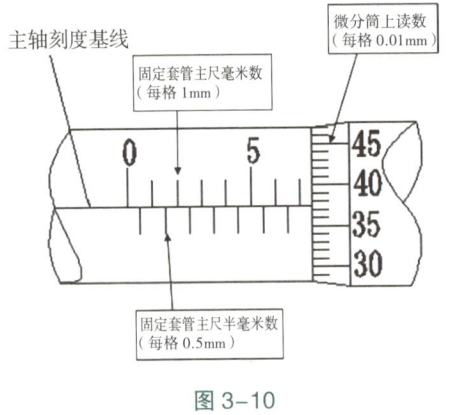

图 3-10

② 读数前检查。测钻应该光滑平整，且微分筒能够灵活转动。

③ 校零。要保证微分筒前沿与横刻线对其，主轴刻度基线与微分筒的零刻线对齐。

④ 测量物体时，首先旋转棘轮将测钻与测微螺杆的距离调到稍大于物体尺寸，然后将被测物放入其中，慢慢旋转棘轮至发出咔咔声时方可开始读数。

⑤ 千分尺主要刻度标识如图 3-10。

⑥ 千分尺读数 = 固定套管主尺读数 + 微分筒上读数，实例如下（若读数中遇到套管主尺的 0.5mm 刻度线与微分筒前沿处于似压非压的情况，应根据微分筒上读数来确定其是否计入读数，若微分筒上读数大于或等于 0 则计入读数，否则不计入读数）。

5. 内径百分表

内径百分表是内量杠杆式测量架和百分表的组合，是测量工件内孔的值的大小。一般涨簧式内径表表面粗糙度不超过 0.1μm，钢球式内径表的测量钢球和定位钢球的表面粗糙度不超过 0.05μm。测头球面半径用半径样板比较。要求均小于其测量下限尺寸的 1/2。图 3-11 为内径百分表结构。

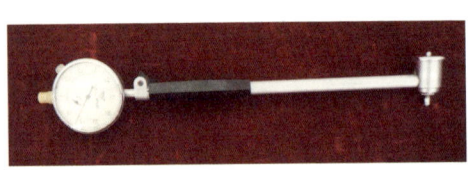

图 3-11 内径百分表结构

（1）内径百分表的读数方法：

用内径百分表测量内径是一种比较量法，测量前应根据被测孔径的大小，在专用的环规或百分尺上调整好尺寸后才能使用。

使用前，将装着活动测量头的三通管另一端装上适当的测量头，垂直管口通过活动杆安装百分表。

当活动测量头的移动，使传动杠杆回转，通过活动杆，推动百分表的测量杆，使百分表指针产生回转。当活动测头移动1mm时，活动杆也移动1mm，推动百分表指针回转一圈，所以，活动测量头的移动量，可以在百分表上读出来。内径百分表活动测量头的移动量，小尺寸的只有0~1mm，大尺寸的可有0~3mm，它的测量范围是由更换或调整可换测量头的长度来达到的。因此，每个内径百分表都附有成套的可换测量头。

国产内径百分表的读数值为0.01mm，测量范围有10~18mm；18~35mm；35~50mm；50~100mm；100~160mm；160~250mm；250~450mm。

（2）内径百分表的使用方法：

① 根据内孔的大小量程选取百分表，小孔使用两脚的，大一点的使用三点的。

② 选择量杆，首先使用游标卡大概测量杆和表接杆的总长度。

③ 一般是比所需直径大50丝左右就可以了。这是在表的推动杆和固定杆在自由状态时测量。要长或短细调圆螺母。

④ 紧固圆螺母后，使用千分卡调到合适的位置，把百分表两顶针放在千分卡内，移动两点到千分卡中心。这时再看表的指示面板，转动面板到0的位置。多对几下，确认正确。

⑤ 使用时表的动点先进入孔，同时轻压动头使表的另一头进入孔里。上下晃动两脚，多次不同位置测得相同的数值就是结果。

⑥ 一般0靠90这边是大，0靠10这边是小，即大几丝或者小几丝。

（二）时间测量仪器

农业机械检测过程中经常用到的时间测量仪器是秒表，但在很多综合类的仪器中使用时间测量的仪器多为时钟振荡器。秒表分为电子式和机械式两种，电子式秒表精度高，操作简单，使用较广。

（三）物质质量测量仪器

物质质量测量仪器一般是指称量物体质量的衡器，如电子秤、天平等，目前基本都是电子产品。

1. 电子秤

电子秤是采用现代传感器技术、电子技术和计算机技术一体化的电子称量装置，满足现实中提出的"快速、准确、连续、自动"称量要求，同时有效地消除

图 3-12 台式电子秤

人为误差,图 3-12 为台式电子秤。

电子秤属于衡器的一种,利用胡克定律或力的杠杆平衡原理测定物体质量,主要由承重系统(如秤盘、秤体)、传力转换系统(如杠杆传力系统、传感器)和示值系统(如刻度盘、电子显示仪表)3 部分组成。按结构原理可分为机械秤、电子秤、机电结合秤三大类;按功能分为计数秤 计价秤 计重秤 蓝牙秤;按用途分为工业秤 商业秤 特种秤;按放置位置分类为桌面秤(指全称量在 30kg 以下的电子秤)、台秤(指全称量在 30~300kg 以内的电子秤)、地磅(指全称量在 300kg 以上的电子秤)、精密天平等。

电子秤的工作流程是当物体放在秤盘上时,压力施给传感器,该传感器发生形变,从而使阻抗发生变化,同时使用激励电压发生变化,输出一个变化的模拟信号。该信号经放大电路放大输出到模数转换器。转换成便于处理的数字信号输出到 CPU 运算控制。CPU 根据键盘命令以及程序将这种结果输出到显示器,直至显示物质质量的测量结果。

2. 电子天平

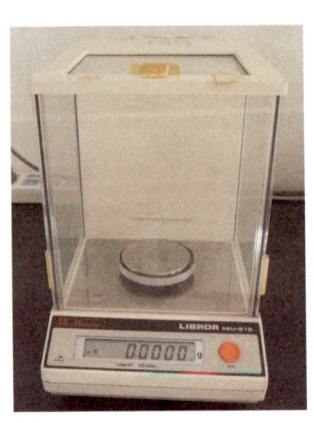

图 3-13 万分之一天平

电子天平一般采用应变式传感器、电容式传感器、电磁平衡式传感器。应变式传感器,结构简单、造价低,图 3-13 为万分之一电子天平,电子天平按其精度可分为以下几类。

① 超微量电子天平:超微量天平的最大称量是 2 至 5g,其分度值小于(最大)称量的 10^{-6}。

② 微量天平:微量天平的称量一般在 3 至 50g,其分度值小于(最大)称量的 10^{-5}。

③ 半微量天平:半微量天平的称量一般在 20 至 100g,其分度值小于(最大)称量的 10^{-5}。

④ 常量电子天平:此种天平的最大称量一般在 100 至 200g,其分度值小于(最大)称量的 10^{-5}。

⑤ 分析天平:其实电子分析天平,是常量天平、半微量天平、微量天平和

超微量天平的总称。

⑥ 精密电子天平：这类电子天平是准确度级别为Ⅱ级的电子天平的统称。

3．工作环境

电子天平为高精度测量仪器，故仪器安装位置应注意：

① 安装平台稳定、平坦，避免震动。

② 避免阳光直射和受热，避免在湿度大的环境工作。

③ 避免在空气直接流通的通道上。

4．天平安装

严格按照仪器说明书操作。

5．天平使用

① 调水平：天平开机前，应观察天平后部水平仪内的水泡是否位于圆环的中央，否则通过天平的地脚螺栓调节，左旋升高，右旋下降。

② 预热：天平在初次接通电源或长时间断电后开机时，至少需要30分钟的预热时间。因此，实验室电子天平在通常情况下，不要经常切断电源

③ 称量：

a）按下 ON/OFF 键，接通显示器；

b）等待仪器自检。当显示器显示零时，自检过程结束，天平可进行称量；

c）放置称量纸，按显示屏两侧的 Tare 键去皮，待显示器显示零时，在称量纸加所要称量的试剂称量。

d）称量完毕，按 ON/OFF 键，关断显示器。

6．注意事项

① 为正确使用天平，请熟悉天平的几种状态：

② 显示器右上角显示 O：表示显示器处于关断状态：

a）显示器左下角显示 O：表示仪器处于待机状态，可进行称量；

b）显示器左上角出现菱形标志：表示仪器的微处理器正在执行某个功能，此时不接受其他任务。

③ 天平在安装时已经过严格校准，故不可轻易移动天平，否则校准工作需重新进行。

④ 严禁不使用称量纸直接称量！每次称量后，请清洁天平，避免对天平造成污染而影响称量精度，以及影响他人的工作。

7. 电子天平使用小贴士

① 称量前应检查天平是否正常，是否处于水平位置，玻璃框内外是否清洁。

② 称量物不能超过天平负载，不能称量热的物体。

③ 有腐蚀性或吸湿性物体必须放在密闭容器中称量。

④ 同一化学试验中的所有称量，应自始至终使用同一架天平，使用不同天平会造成误差。

⑤ 每架天平都配有固定的砝码，不能错用其他天平的砝码。保持砝码清洁干燥，砝码用镊子夹取，不能用手拿，用完放回砝码盒内。

⑥ 称量完毕，应检查天平梁是否托起，砝码是否已归位，指数盘是否转到"0"，电源是否切断，边门是否关好。最后罩好天平，填写使用记录。

⑦ 经常保持天平内部清洁，必要时用软毛刷或绸布抹净或用无水乙醇擦净。

⑧ 天平内应放置干燥剂。称量不得超过天平的最大载荷量。

（四）温度测量仪

测温仪器是测量仪种类的其中之一，用于测量温度的仪器。根据所用测温物质的不同和测温范围的不同，有酒精温度计、水银温度计、气体温度计、电阻温度计、热电偶温度计、辐射温度计和光测温度计、双金属温度计等。农业机械测量中经常用到的有气体温度计、电阻温度计、热电偶温度计、辐射温度计。按测温方式可分为接触式和非接触式两大类。

通常来说接触式测温仪表比较简单、可靠，测量精度较高；但因测温元件与被测介质需要进行充分的热交换，需要一定的时间才能达到热平衡，所以存在测温的延迟现象，同时受耐高温材料的限制，不能应用于很高的温度测量，图3-14为接触式测温仪表。

非接触式仪表测温是通过热辐射原理来测量温度的，测温元件不需与被测介

图3-14　为接触式测温仪表

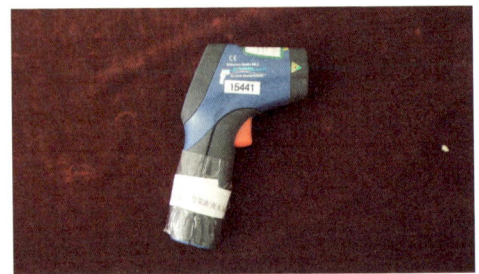

图3-15　为非接触式测温仪表

质接触，测温范围广，不受测温上限的限制，也不会破坏被测物体的温度场，反应速度一般也比较快；但受到物体的发射率、测量距离、烟尘和水气等外界因素的影响，其测量误差较大。图3-15非接触式测温仪表。

（五）电参数测量仪

在农业机械检测过程中，经常会遇到电动机驱动的农业机械，比如场地固定的农产品初加工机械、畜牧机械、废弃物处理设备、排灌机械等，这些机械一般会用到有关电参数测量。常见的电参数有电压、电流、有功功率等。按电源类型分为交流电和直流电，要注意区分电压高低，选择合适的测量仪器。

1. 电压测量仪

电压测量是指电场力对电场中的单位正电荷由一点移动到另一点所作的功称为电压。电压是电子技术测量的一个基本参数，电压测量是电子测量的基础，实际测量的电压值有峰值、平均值和有效值。

电压测量的可测频率范围极宽，从直流到几吉赫甚至更高频率；量程大，可以从纳伏到上千伏。在电压测量中，往往将1兆赫以下的电压称为低频电压。

在使用电压测量仪时，应区分被测量的电压是直流还是交流。然后确定电压档位，把电压测量仪并联在被测电路中，从高挡向低挡转变，最后选择合适的电压档位，电子测量一般选择电压档位较低；市电选择300伏或600伏档位，动力电源选择600伏档位，如果再高应选择专用设备测量。

2. 电流测量仪

电流是基本物理量之一，以安培（A）为单位。电流频率范围宽，除直流外，可分为低频电流和高频电流，其间没有严格的频率界限，大致以1兆赫划分。

测量直流和低频电流常用标准电阻降压法，即测出标准电阻上的电压值后计算电流值。

测量高频电流的主要方法有热电法、测辐射热器法。其中热电法可用于直流、低频和高频电流测量；测辐射热器法是利用测辐射热器阻值变化仅与所加的功率大小有关而与频率无关这一特性，采用测辐射器电桥电路，以直流电流替代高频电流而测出高频电压，然后以电压和电阻求得电流。

在使用电流仪器设备时，要把电流仪器设备串联在被测电路中，应先根据实际情况，选择合适的电流档位，当所测电流超过仪器测量量程时，应选择电流互感器进行转换，此时一般是电流输出为5安培，测量结构应乘以转换倍数。

3. 电功率测量仪

电功率包括直流功率、交流功率,交流功率分为有功功率和无功功率。按测量对象,电功率测量分为直流功率测量、单相功率测量、三相系统功率测量和无功功率测量。图 3-16 为电量参数测量仪。

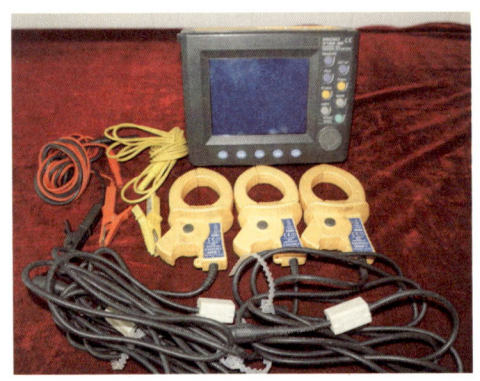

图 3-16　电量参数测量仪

直流功率测量:直流电功率 P=UI,U 为被测电路部分两端的电压,I 为流过该部分的电流。测量时,可用电压表和电流表分别测出 U 和 I,将两者相乘得到 P;也可用功率表直接测得 P。若负载电阻 R 已知,则只需测出 U 或 I,再按公式 P=U2/R=I2R 计算出功率。

单相(有功)功率测量:对于单相正弦交流电路,功率 P=UIcosφ,U、I 分别为交流电压、电流的有效值,φ 是电压和电流相量间的夹角。此功率反映单位时间消耗的能量,所以又称有功功率。单相功率常采用功率表直接测量。

三相系统功率测量:对于三相四线系统,可用 3 个功率表分别测得 A、B、C3 条线与中线 N 之间的功率,即 A、B、C 三相的功率,将三者相加即为三相总功率。对于三相三线系统,可将两个功率表接入三条线 A、B、C 中的任两线中。理论证明,两表读数之和即为三相总功率。上述两种测量方法中,可采用将 3 个或两个功率测量机构装在一起形成适用于四线制或三线制的三相功率表,电表指示的即为三相总功率。这两种方法也适用于三相负载非对称情况。

无功功率测量:单相正弦交流电路中,无功功率 Q=UIsinφ。将加在单相功率表上的电压在相位上移后 90°,或将流过其中的电流在相位上移前 90°,就可利用功率表测量无功功率。无功功率实际使用较少。

(六) 噪声测量仪

噪声测量仪器的种类很多,最基本、最常用的是声级计和频谱分析器。

声级计按用途可分为一般声级计、脉冲声级计和积分声级计(噪声暴露计或噪声计量计)。按准确度可分为四种类型,即 0 型、1 型、2 型和 3 型。0 型声级计的准确度是 ±0.4 分贝,是实验室标准声级计;1 型声级计的准确度是 ±0.7 分贝,一般在实验室或声学条件可以严格控制的现场使用;2 型声级计的准确度

是 ±1 分贝，适用于一般现场噪声测量；3 型声级计的准确度是 ±1.5 分贝，一般用于现场噪声的普查。图 3-17 为常用的声级计。

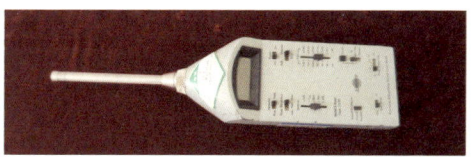

图 3-17　声级计

声级计一般都具有 A、B、C 的频率计权特性和"S"（慢）、"F"（快）的时间特性。有的声级计还有"I"（脉冲）的时间特性。有的还有 D 频率计权特性，它是为了测量飞机噪声而设置的，测的声级称为 D 声级 A、B、C、D 的频率计权特性是模拟人的听觉特性，并已标准化。

声级计由传声器、电压放大器（或衰减器）、频率计权网络（或滤波器）、有效值检波器和指示器等组成。传声器是一种换能器，它把所测的噪声信号变成电信号，是直接影响声级计测量准确程度的关键部件。电压放大器或衰减器对由传声器传来的电信号进行适当的放大或衰减，信号经过频率计权网络（或滤波器）和有效值检波器进入指示器显示出数据。声级计给出的数据就是所测的噪声在一定条件下的声级值。

声级计对传声器的性能要求是：① 频率响应特性平直；② 灵敏度高而且稳定；③ 受外界环境（温度、湿度、电磁场、振动）的影响小；④ 无指向性；⑤ 线性动态范围大；⑥ 噪声低。常用的传声器有电容传声器、驻极体电容传声器和压电晶体（陶瓷）传声器。

传声器把声压变成电压，电压一般都很微弱，电压放大器把微弱的电信号放大，以满足指示器的需要。对于电压放大器的要求是：① 增益足够大而且稳定；② 频率响应特性平直；③ 有足够的线性动态范围；④ 耗电小。由于声级计不仅要测量微弱的信号，还要测量较强的噪声，所以声级计又须设置衰减器。衰减器和放大器一般是分成两个或三个部分以利于提高信噪比。

计权网络是由电阻和电容组成、具有特定频响特性的滤波器。由于目前在噪声测量评价中广泛应用 A 计权声级，因此各种类型的声级计至少应具有 A 特性的计权网络。用 A 计权网络测得的声级称为 A 计权声级或 A 声级（LA），单位是分贝。B 计权网络现在很少使用，C 声级（LC）的值只供参考用。把 LA 和 LC 的值加以比较，可粗略判断噪声频谱特性。如 LC ≈ LA 时为高频噪声；LC>LA 时为低频噪声。

有效值检波器是声级计的一个重要组成部分。在声级测量中，用得最多的是有效值（均方根值），一般声级计都设有效值检波电路。表示信号大小的参数除了有效值外，还有峰值（分为正峰值、负峰值、最大峰值），所以有的声级计除了设有效值指示外，还设有峰值指示。

目前声级计测量有效值时的平均时间有3种：①"F"（快）——电表电路的时间常数约为125ms；②"S"（慢）——电表电路的时间常数约为1s；③"I"（脉冲）——电表电路的时间常数是35ms。具有"I"时间计权特性的声级计，可用来测量脉冲噪声。

近年来有些声级计采用数字显示，还可通过BCD码输出使它能同其他分析处理仪器和电子计算机配合使用。

为了保证测量准确度，声级计在使用前后必须校准。常用的声学校准器有活塞发声器和声级校准器等。活塞发声器的工作频率是250Hz。声级校准器是用小型扬声器作为声源，其工作频率是1000Hz。它们产生的声压级是稳定的。

二、专用试验检测仪器设备

农机试验检测除使用一些常规测量仪器外，对特定参数还使用一些专用仪器。

（一）土壤硬度计

农业机械是检测大多数是在田间进行的，土壤硬度（紧实度）、土壤含水率直接影响机械的行使和作业性能，因此土壤含水率和土壤紧实程度是试验检测的环境条件之一。

1. 土壤含水率

土壤含水率一般是采用现场取样称重，带回后进行烘干称重，最后计算土壤绝对含水率。

2. 土壤紧实度仪

土壤紧实度测定仪也被称作土壤坚实度和硬度测量仪，土壤紧实度是指土壤抵抗外力的压实和破碎的能力，土壤紧实度由土壤抗剪力、压缩力和摩擦力等构成，是土壤强度的一个合成指标。一般用金属柱塞或探针压入土壤时的阻力表示（单位为Pa），当探针锥表面积确定后，与土壤阻力之间形成的函数关系就是土壤紧实度，单位为Pa/m²。图3-18为

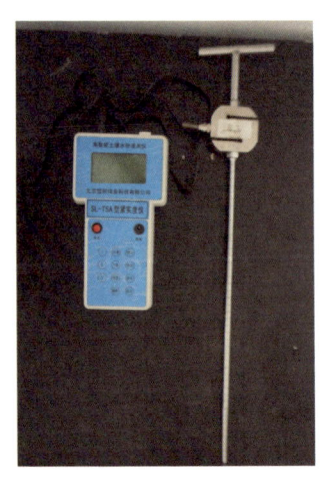

图3-18 土壤紧实度仪

土壤紧实度仪。

（二）拉力计

拉力计是小型简便的拉（压）力测试仪器。具有高精度、易操作及携带方便之优点，而且有一个峰值切换操作旋钮，可做荷重峰值指示及连续荷重值指示。目前拉力计有指针式、数显式、电子式等多种型式，数显式和电子式可根据测量值实现测试区域内的最大值、平均值等测量。

数显和电子式拉力计一般由拉力传感器、拉力显示表和2个拉环组成。图3-19为数显式拉力计。拉环安装在拉力传感器两侧，拉力传感器通过电缆连接到显示仪表上，将被测物体与动力源分别联结2个拉环。

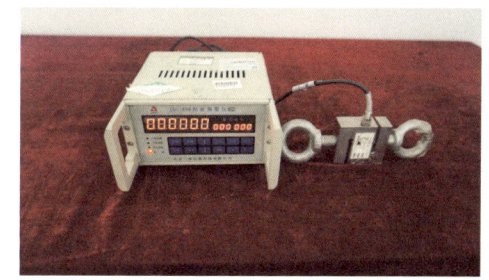

图3-19　数字式拉力计

（三）扭矩仪

测量扭矩的基本目的在于了解农机工作部件的功率消耗及其分配情况，为农机结构设计、强度设计以及动力配置等提供必要的依据。

扭矩仪是由扭矩传感器和二次仪表组成的专用测量仪器。扭矩传感器又称力矩传感器、扭力传感器、转矩传感器等。扭矩传感器分为动态和静态两大类，扭矩传感器是对各种旋转或非旋转机械部件上对扭转力矩感知的检测。扭矩传感器将扭力的物理变化转换成精确的电信号，具有精度高、频响快、可靠性好、寿命长等优点。农机检测经常用到的有扭力扳手、扭矩测量仪等。

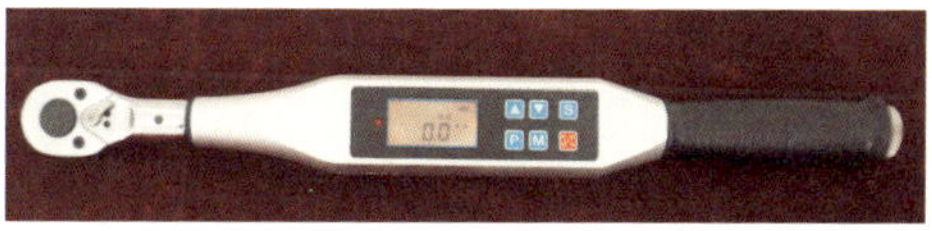

1. 扭力扳手

扭力就是物体受到一个与物体转动方向的切向力作用时产生的力矩，一般用扭力扳手测量，单位是牛顿·米。图3-20为数字显示扭力扳手。

图3-20　数字显示扭力扳手

2. 扭矩测量仪

转矩测量仪表按工作原理可分为扭应力式（包括电阻应变式、磁弹性式等）和扭转角位移式（包括相位差式、振弦式等）两类。图3-21为电阻应变

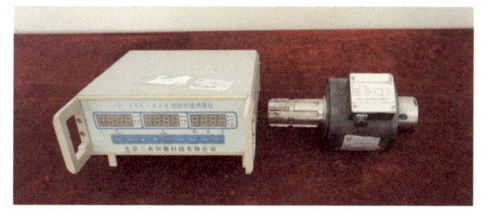

图3-21　电阻应变式扭矩测量仪

式转矩测量仪。

从不同的角度出发，转矩测量仪器可以有各种分类方法。按照转矩测量的基本原理转矩测量仪大致可分为三大类。即传递类、平衡力类、能量转换类。

传递类。传递类转矩测量仪小巧轻便，应用面广，它既可以串接到机器的传动系统中去测量转矩。又可以附装到机器的传动轴上去测量转矩。测试时不需改变机器的结构。也不需移动机器的部件。便于现场测试。测量结果精确。能真实反映机械的实际情况。近年来。在信号传输方式上采用遥控非接触型信号传输方式替代摩擦阻力大、工作寿命短、信号误差大的接触型信号传输方式。因此传递类转矩测量仪在三大类转矩测量仪中约占 80.5%。

按照转矩测量传感器弹性元件的变形几何参数、物理参数及静力学关系。传递类转矩测量仪可进一步分为：

① 变形型：利用扭轴产生的扭转变形角及剪应变角设计而成的转矩测量传感器。

② 应力型：利用扭轴截面上的剪应力与转矩成正比的关系。与磁性材料在机械应力作用下。其导磁性能发生对应的变化的原理设计而成的扭矩测量传感器。

③ 应变型：利用弹性扭轴表面产生与扭矩值对应的应变。在适当的位置贴置应变片、组成四臂电桥。应变片的阻值随应变的变化而变化。由此设计而成的扭矩测量传感。

按照扭矩测量传感器的不同安装方式，可分为：

① 介入式：介入式扭矩测量传感器是一段类似于传动轴的扭力棒。靠它两端的联轴节串接到被测的传动系统部位中，敏感扭转变形。显然介入式传感器必须作为传动轴的一部分才能测量扭矩，一般用于实验室、台架测量；在实际工况下。因不允许断开轴系。其应用受到限止。

② 不介入式：不介入式扭矩测量传感器是采用两组卡环紧固在被测传动轴上。卡环之间安装测力棒，敏感扭转变形。为此无须断开轴系。即可测得扭矩。

（四）硬度计

硬度计是一种硬度测试仪器，一般指测量金属的硬度，表示金属材料抵抗硬物体压入其表面的能力。它是金属材料的重要性能指标之一，一般硬度越高，耐磨性越好。

1. 常用硬度分类：

（1）里氏硬度。是根据最新的里氏硬度测试原理利用最先进的微处理器技术设计而成。用具有一定质量的冲击体在一定的试验力作用下冲击试样表面，测量冲击体距试样表面1mm处的冲击速度与回跳速度比值计算硬度，公式：里氏硬度HL=1000×VB（回弹速度）/VA（冲击速度）。

（2）布氏硬度（HB）。

以一定的载荷（一般3 000kg）把一定大小（直径一般为10mm）的淬硬钢球压入材料表面，保持一段时间，去载后，负荷与其压痕面积之比值，即为布氏硬度值（HB），单位为kgf/mm^2（N/mm^2）。

（3）洛氏硬度（HR）。

当HB>450或者试样过小时，不能采用布氏硬度试验而改用洛氏硬度计量。它是用一个顶角120°的金刚石圆锥体或直径为1.59、3.18mm的钢球，在一定载荷下压入被测材料表面，由压痕的深度求出材料的硬度。根据试验材料硬度的不同，分三种不同的情况：

HRA：是采用60kg载荷和钻石锥压入器求得的硬度，用于硬度极高的材料（如硬质合金等）。

HRB：是采用100kg载荷和直径1.58mm淬硬的钢球，求得的硬度，用于硬度较低的材料（如退火钢、铸铁等）。

HRC：是采用150kg载荷和钻石锥压入器求得的硬度，用于硬度很高的材料（如淬火钢等）。

（4）维氏硬度（HV）。以120kg以内的载荷和顶角为136°的金刚石方形锥压入器压入材料表面，用载荷值除以材料压痕凹坑的表面积，即为维氏硬度值（HV）。

（5）努氏硬度（HK）。适用于高硬度材料的硬度测试（一般HV1000硬度以上的硬度测量）。

（6）维氏硬度计（HW）。适用于铝合金类产品的维氏硬度值测量。

（7）还有肖氏硬度计

2. 常用硬度计的分类

按原理可以分为：里氏硬度计、布氏硬度计、洛氏硬度计、维氏硬度计、显微硬度计、肖氏硬度计等。图3-22为布洛维硬度计，图3-23为维氏硬度计，图3-24为洛氏硬度计。

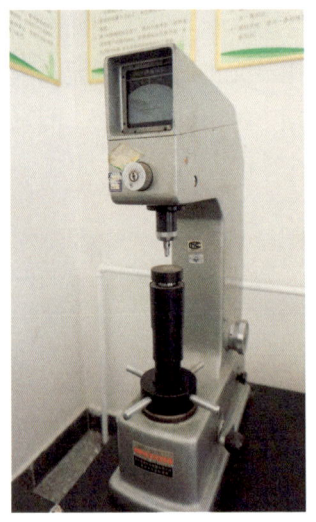 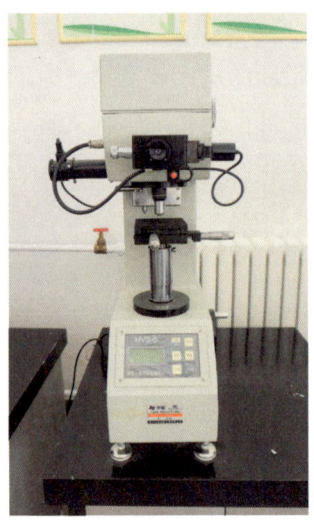 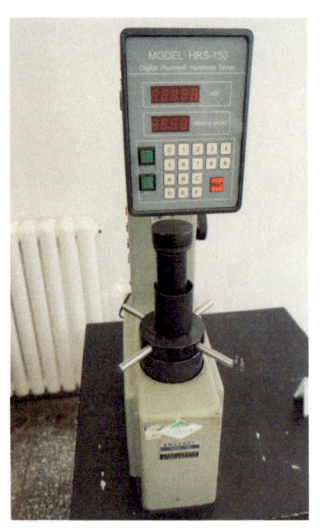

图 3-22 布洛维硬度计　　图 3-23 维氏硬度计　　图 3-24 洛氏硬度计

3. 常用硬度计分类应用

（1）里氏硬度计。里氏硬度计是一种能将各种硬度值进行换算的较小型的硬度计。主要用于对金属材料的测试，特别是对较大型的工件。

（2）布氏硬度计。布氏硬度计测试用压头直径为 D 的钢球或硬质合金球，主要是用于测未经淬火的钢材、铸铁、有色金属及质软的轴承合金材料。优点是测量误差小，数据稳定；缺点是压痕大，不能用于太薄件或成品件。

（3）洛氏硬度计。根据压头的材料及压头所加的负荷不同，洛氏硬度可分为：HRA、HRB、HRC。HRA 适用于测量硬质合金、表面淬火层或渗碳层；HRB 适用于测量有色金属和退火、正火钢等；HRC 适用于调质钢、淬火钢等。洛氏硬度计是最常用的一类硬度计，有杠杆洛氏硬度计、电动洛氏硬度计、数显洛氏硬度计、数显表面洛氏硬度、数显洛氏、表面洛氏硬度计等多种形式。优点是操作简单、压痕小、适用范围广；缺点是测量结果分散度大。

（4）维氏硬度计。测试用压头为金刚石四方角锥体，所加负荷较小。维氏硬度的优点是保留了布氏硬度和洛氏硬度的优点，既可测量由极软到极硬的材料的硬度，又能相互比较。主要是用于测黑色金属、有色金属、硬质合金（如铝合金）及表面渗碳、渗氮层的硬度。

（五）振动测量仪

振动测量仪可分为台式和便携式两种。台式振动测量仪一般以实验室测量居多，农机检测一般用便携式振动测量为主，如图3-25。

振动测量仪能方便地测得振动加速度、速度、位移等振动参数，可用来对旋转与往复式机器的振动进行可靠的定量评价。

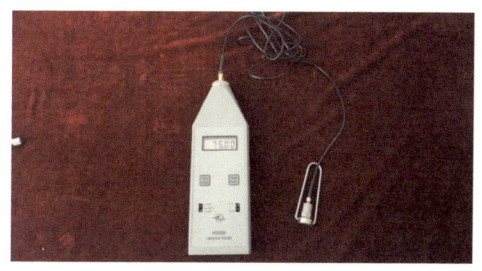

图3-25　数字式振动仪

每一个振动量对时间坐标标出的波形，可以得到峰值、峰峰值、有效值、平均值等参数，它们之间存在一定关系。从波形的基线位置到波峰的距离称为振幅。峰峰值为正峰到负峰间的距离。振动量的描述常用峰值表，但在研究比较复杂的波形时，只用峰值描述振动过程是不够的，因为峰值只能描述振动大小的瞬时值，不包含产生振动的时间过程，在考虑时间过程时的进一步描述，是平均绝对值和有效（均方根）值。

振动测量仪一般由传感器、放大器、记录器、信号处理仪或虚拟仪器组成，虚拟仪器采用智能信号采集处理分析仪，具有多功能、边采边显、记录和分析等功能。

在农机检测中，选择振动测量仪主要注意测量范围、频率、精度等三个参数。其中测量范围包括：速度（有效值）（0.1~199.9）mm/s，加速度（峰值）（0.1~199.9）m/s^2，位移（峰峰值）（0.001~1.999）mm；频率范围包括：加速度：低挡10Hz~1kHz，高挡1kHz~15kHz；速度：10Hz~1kHz；位移：10Hz~1kHz测量精度：±5%读数+2个字。

（六）制动性能测试仪

制动性能测试仪是测量农用挂车、自走式农业机械行车制动的设备。一般为便携式，方便检测。该设备虽然类型较多，但基本都是按国家标准GB7258《机动车运行安全技术条件》对道路试验检测制动性能的要求开发研制的。多以单片机为核心部件，配以相应的I/O接口和外部设备，采用高精度加速度传感器，对机动车路试制动性能进行检测。

以AM-2016制动性能测试仪为例，图3-26。该仪器操作灵活、测量准确、工作稳定、读数直观可配自动打印功能，方便携带，主要技术指标如下：

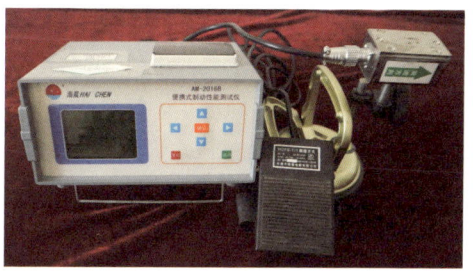

图3-26　AM-2016制动性能测试仪

测量范围：平均加（减）速度：±1.0g（9.8m/s²）

距离：（0~99.99）m

时间：（0~20.00）s

速度：（5.00~50.00）km/h

分辨率：加（减）速度：0.01m/s²

速度：0.01km/h

时间：0.01s

距离：0.01m

传感器的连接：将固定好传感器的吸盘吸附在驾驶室内前挡风玻璃以不影响驾驶员操作的中间位置，调整吸盘上传感器固定支架，使传感器接近水平位置，其箭头方向指向前进方向，有信号电缆一端背向前进方向，传感器轴心线与车辆轴心线平行，连接传感器和制动踏板信号线，制动踏板用松紧布固定在车辆的制动踏板上，启动制动性能测试仪，按仪器使用说明书操作就可完成检测。

（七）多通道温度巡检仪

多通道温度巡检仪是以单片机微处理器为核心，外置多个传感器或中继盒，属智能化的测温设备。它的主要目的是为了准确测量记录某一场合内同一时刻的温度变化情况，解决多点监测不同步的问题。具有多点巡回检测、巡检间隔可任意设定、能自动记录和存贮、传感器一致性好等特点。图3-27为多通道温度巡检仪。

图3-27 多通道温度巡检仪

根据对测量对象的要求，把各路温度传感器布置到测点附近，按试验需求设定好巡检间隔、巡检次数等有关参数，启动巡检仪就可实现巡回检测。检测结果通过数据线或无线远程方式，利用计算机软件进行数据传输，同时也可进行现场或远程温度监测。

（八）高电压测量仪

高电压测量一般指测量电压1 000V以上，在农机试验检测中除杀虫灯放电电压外，其他电压检测基本属于常规电压检测。

高电压测量仪采用高输入阻抗，具有高稳定性、低漂移、自校零、自动极性转换等功能。操作比较简单，在使用时应注意安全，将被测试件的高压输出端和接地端与测量仪的高压测试输入端及接地端连接好，不要将测量两极短路，具体按各仪器的使用说明书步骤操作。图3-28为高电压测量仪。

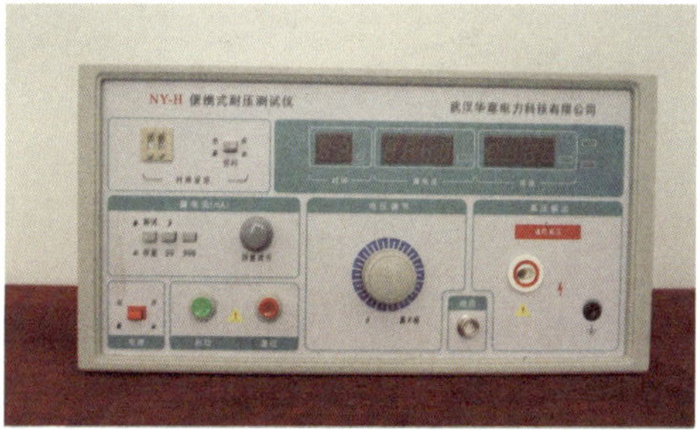

高电压测量仪工作环境温度在0℃~40℃，相对湿度不大于75%。

图3-28 高压测量仪

（九）超声波流量计

根据对信号检测的原理超声流量计可分为传播速度差法（直接时差法、时差法、相位差法和频差法）、波束偏移法、多普勒法、互相关法、空间滤法及噪声法等。

以"速度差法"为原理的超声波流量计，采用了先进的多脉冲技术、信号数字化处理技术及纠错技术，可快速测量圆管内液体流量，更适合现场检测，属无阻碍流量计。

时差式超声波流量计是当今世界上具竞争力的流量测量手段，其测量线精度高于1.0%。安装位置所选管段应避开干扰和涡流这两种对测量精度影响较大的情况，选择管材均匀致密，易于超声波传输，有足够长的流体应充满管道的直管段，安装点上游直管段必须要大于10D（注：D=直径），下游要大于5D。同时避免在水泵、大功率电台、变频，即有强磁场和震动干扰处，探头安装采用Z法和V法。图3-29为时差式超声波流量计。

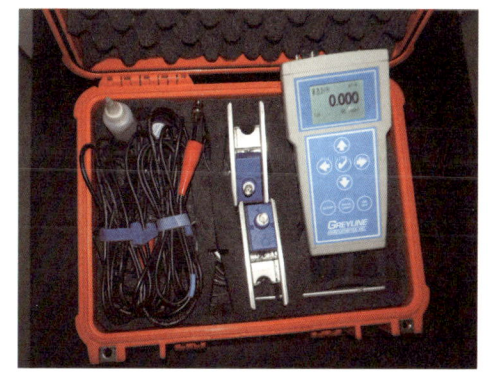

图3-29 时差式超声波流量计

（十）断面仪

断面仪采用无合作目标激光测距技术和精密测角技术，将极坐标测量方法与计算机技术紧密结合，高速精确检测，无需后处理，可直接输出报告。

在农机产品性能检测中，深松机的"土壤膨松度"与"土壤扰动系数"作业性能检测会用到断面仪。目前使用较多的是深松耕层断面测绘仪，如图3-30。

图 3-30 深松耕层断面测绘仪

它采用 ARM 嵌入式主板，集成激光测距传感器、步进电机和 wifi 模块，通过与便携式计算机无线通信，快速测量深松机的深松性能。其使用方法为在试验区内，选择机组通过的合适位置，采用两端支架，中间搭放轨道，测量主机在轨道上方行驶，测量该位置未耕作前的地表状态；然后启动机组作业并通过该点，再次放上轨道，使主机测量耕作后的地表状态；而后人工挖出深松后的沟壑，第 3 次启动主机在轨道上方测量沟壑的土壤形状，最后通过计算机及软件处理，求得土壤膨松度与土壤扰动系数指标。

（十一）烟度计

烟度计是测定发动机排出废气中烟度的仪器。主要用于柴油机排出废气的测定。用活塞抽气泵从柴油机排气管中，按规定时间抽取一定容积的排气气体，并使之通过一定面积的滤纸，排气中的烟尘粒截留在滤纸上并使滤纸染黑。用光电测量装置测量滤纸的吸光率，该吸光率表示排气中烟度的大小。烟度计主要由活塞抽气泵、取样装置和光电测量装置组成。测量一般重复 3 次，求得算术平均值作为测得的烟度值。

目前世界各国测量柴油机排气烟度普遍采用两大类测试仪器：滤纸式烟度计和不透光烟度计。

滤纸式烟度计测量原理：是将一定容量废气中的碳烟，积存在滤纸上，通过光电检测仪器测出被染黑滤纸的碳粒吸光率，以此代表排气烟度。PS—为波许烟度，其单位为 Rb。早期国内滤纸式烟度计是根据 1983 年标准的要求而设计制造的，部分烟度计采用了德国 Bosch 公司的结构参数。烟度单位为波许烟度。测量方法中只对使用仪器的机械结构和光电单元进行定义，没有考虑外界环境（温度、压力）的影响，因此造成不同测量条件下所测得的烟度值有差异。正是由于滤纸式烟度计的上述问题，1990 年国际标准化组织 ISO 制订了改进测量的标准，即：ISO10054。该标准对波许烟度进行准确规定，以 FSN 作为滤纸法烟度单位，对 FSN 烟度定义为：25℃、1bar 下，有效烟柱长度为 405mm 时滤纸式烟度 1FSN=1PS。为与国际标准相一致，我国于九三年对标准加以修订，标准号为 GB 14761.6.7—93，烟度排放标准采用 FSN 烟度单位。但国内并无符合该标准测量方法（FSN）的烟度测量仪器的生产厂，该类仪器主要靠进口，价格较高，无法广泛普及。因此绝大多数仍然沿用原来的滤纸烟度计（Bosch）。目前，国内所用的滤纸式烟度计主要有德国 BOSCH 烟度计、国产佛山 FBY 型烟度计、奥地利 AVL409、AVL415 型烟度计，其中只有 AVL415 是以 FSN 为单位的滤纸烟度计。

不透光式烟度计测量原理：测量光穿过被测的具有一定长度废气后到达接收器的那部分光与入射光的比例，从而确定废气的不透光特性。图 3-31 为不透光式烟度计。不透光烟度计基本原理是根据比尔-兰勃特（Beer-Lambert）定律。通常用测定光吸收系数或不透光度表示排气烟度，单位：m-1（或%）。

图 3-31　不透光式烟度计

（1）采用不透光烟度计的目的　由于滤纸烟度计所测的是滤纸的染黑度，因此所测的烟度排放值没有包含白烟、兰烟的影响。对于全负荷烟度排放的测量，其排烟基本由碳烟组成，并且工况比较稳定，因此采用该烟度计测量的结果比较可靠。但对于瞬态过程如自由加速测量，滤纸烟度计所测到的烟度排放值只是整个自由加速过程的积分值，而不透光烟度计则可以真实反映自由加速过程中的烟度变化情况。因此，瞬态过程的烟度排放测量应采用不透光烟度计。根据欧洲排放法规要求，国内不透光式烟度计主要用于 GB 3847—1999 压燃式发动机和装用压燃式发动机的车辆排气可见污染物限值及测试方法测量排气中的可见污染物，如黑烟、蓝烟、白烟。

（2）不透光烟度计根据其不同的结构及取样方式又分为全流式和分流式。

三、常用传感器技术简介

通常将传感器看作是一个把被测非电量转化为电量的装置。传感器位于测控系统的首端，是获取准确可靠信息的关键装置。传感器有很多分类方法。按被测量种类（传感器用途）分类，可分为位移传感器、压力传感器、温度传感器等。按工作原理分类，可分为电阻应变片式、电感式、电容式、压电式等。习惯上常把两者结合起来命名传感器，比如电阻应变式力传感器、电感式位移传感器、压电式加速度传感器等。

按被测量的转换特征可分为结构型和物性型。结构型传感器通过传感器结构参数的变化而实现信号转换。如电容式传感器依靠极板间距离变化引起电容量变化。有些结构型传感器，通过弹性敏感元件的受力变形，将力、扭矩、压力等转换成应变或位移，再利用传感元件（如电阻应变片等）将其转化为电量。物性型传感器利用某些材料物理性质随被测量变化的特性实现参数的转换，具有灵敏度高，结构简单、便于集成的特点。

按照能量传递方式可分为能量控制型传感器和能量转换型传感器两大类。能量控制型传感器的输出能量由外部供给，但受被测输入量的控制，如电阻应变式传感器、电感式传感器、电容式传感器等。能量转换型传感器的输出量直接由被测量能量转换而得，如压电式传感器、热电式传感器等。

（一）电位器式传感器

电位器是一种常见的电子器件，作为位移传感器可以将机械位移转换为相应的电阻值或输出电压变化。

线绕电位器式位移传感器：

线绕电位器的电阻体由电阻丝缠绕在绝缘物上构成。电阻丝种类很多，一般根据电位器的结构、容纳电阻丝的空间、电阻值和温度系数来选择电阻丝材料。电阻丝越细，在给定的空间内越能获得较大的电阻值和分辨率。但电阻丝太细，使用中易断，影响使用寿命。

线绕电位器一般由电阻丝绕制在绝缘骨架上，由电刷引出与滑动点电阻对应的输入变化。电刷由待测量机械位移部分拖动，输出与位移成正比的电阻或电压变化，线绕电位器的电阻值范围一般在 100 欧姆至 100 千欧姆。

非线绕式电位器位移传感器如图 3-32，一般是在绝缘基片上制成各种薄膜元件，如合成模式、金属模式、导电塑料和导电玻璃釉电位器等。其优点是分辨率高、耐磨、寿命长和易校准等；缺点是易受温湿度影响，难以实现高精度。

图 3-32 非线绕式电位器位移传感器

（二）电阻应变片式传感器

电阻应变片式传感器是一种利用电阻应变片将应变转换为电阻变化的传感器。任何非电量只要能设法转换为应变，都可以利用电阻应变片进行测量。因此电阻应变片式传感器可以用来测量应变、力、扭矩、位移、加速度等多种参数，具有灵敏度高、测量精确、动态响应快、技术成熟等特点。电阻应变片可以分为金属电阻应变片与半导体应变片两类。

常见的金属应变片有丝式和箔式两种。图 3-33 为金属电阻应变片。

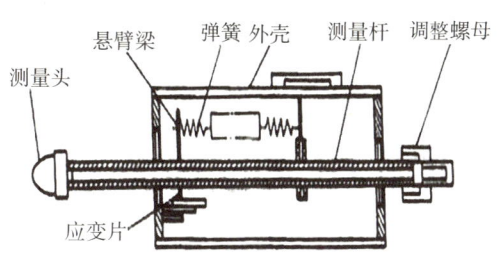

图 3-33　金属电阻应变片

丝式应变片的主要结构是由做成栅状的电阻丝、绝缘基片和覆盖层 3 部分组成。当金属丝在外力作用下产生机械变形时，其电阻值发生变化，这样将被测量转换为电阻变化。

箔式应变片是通过光刻或腐蚀等工艺制成一种很薄的金属箔栅，可根据需要制成任意形状，它的线条均匀、尺寸准确、散热好、易粘贴，以逐渐取代丝式应变片。

半导体应变片

半导体单晶材料在沿某一方向受到外力作用时，电阻率会发生相应变化的现象称为压阻效应。压阻效应的产生是半导体单晶在外力作用下，原子点阵排列规律发生变化，导致载流子迁移率和载流子浓度变化，从而引起电阻率的变化。

半导体应变片最大优点是灵敏度高，比金属应变片要高 50~70 倍，另外还有横向效应和机械滞后小，体积小等特点。它的缺点是温度稳定性差，在较大应变下，灵敏度的非线性误差大，在使用时，一般需要采取温度补偿和非线性补偿措施。

（三）电感式传感器

电感式传感器是利用线圈的自感量或互感量的变化将非电量转换为电量的装置。电感式传感器的种类很多，主要有自感式、差动变压器式和电涡流式。可以用来测量位移、转角、压力、振动等。

电感式传感器具有灵敏度高、线性较好、输出功率大等优点。其缺点是频率相应较低，另外传感器的分辨率与测量范围有关，测量范围越大，分辨率越低。

自感式传感器可分为变气隙式、变面积式和螺旋管式3类。

1. 变气隙式

变气隙式自感传感器由线圈、铁心和衔铁3部分组成。线圈绕在铁心上，衔铁和铁心间有一气隙。

2. 变面积式

如果固定气隙长度而改变气隙截面积，就构成了变面积式。这种类型传感器的灵敏度比变气隙型的低，但其灵敏度为一常数，因而线性度较好，量程范围可取大些。

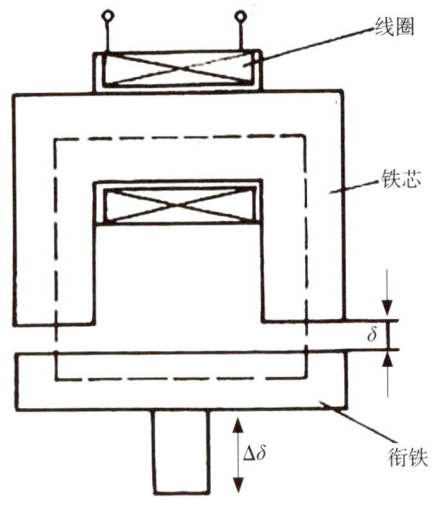

图3-34 变间隙型电感传感器

3. 螺旋管式

在一个螺旋管圈内插入一个活动的柱型衔铁，就构成了螺旋管式传感器。随着衔铁插入深度的不同将引起线圈磁路中磁阻的变化，从而使线圈的自感方式变化。

自感式传感器主要利用交流电桥电路把自感变化转换成电压或电流变化，再送入下一级电路进行放大处理。

4. 差动变压器式传感器

差动变压器式传感器是把被测量的变化转换成一个互感系数的变化。传感器本身是互感系数可变的变压器，接线方式是差动的。它的主要特点是把两个相同的电互感线圈按差动方式联接起来，共用一个活动衔铁构成差动电互感器，与基本结构型电感式位移传感器相对应，差动电互感式传感器也有变气隙式、变面积式和螺旋管式等。

将金属导体置于变化着的磁场中，导体内就会产生感应电流，这种电流的流线在导体内自行闭合，像水中的漩涡一样，故称为电涡流或涡流。对于机械运动中高速旋转或振动位移的测量，适合采用电涡流式位移传感器进行非接触式测量。它同样有变气隙式、变面积式和螺旋管式等3

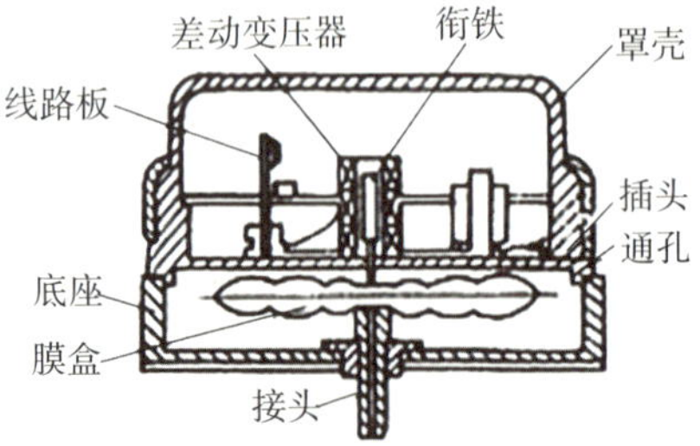

图3-35 电涡流式传感器

种形式。

(四) 电容式传感器

1. 电容式传感器

电容式传感器是以可变参数的电容器作为传感元件，将被测非电量转换为电容量变化。大多数情况下，它是由两平行极板组成的以空气为介质的电容器，有时也有两平行圆筒或其他形状平行面组成。

在实际使用中，为了提高灵敏度和减少非线性及克服温度漂移，可以把极距变化型电容传感器做成差动形式。差动形式传感器灵敏度可以提高一倍，非线性得到很大改善。

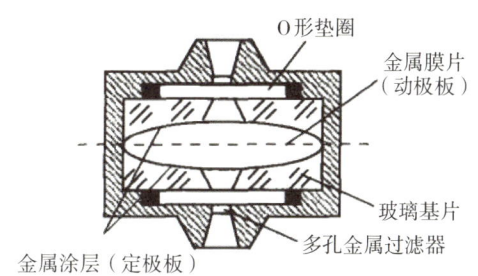

图 3-36　极距变化型电容传感器

2. 面积变化型电容器传感器

面积变化型电容器传感器一般用来测量角位移或较大的线位移。当被测物体移动时，带动活动极板移动，从而改变了活动极板与两个固定极板间的极板面积，使电容量发生变化，由于传感器采用了变面积差动方式，因而线性好，范围宽，分辨率高，可用在要求测量精度高的场合。

(五) 压电式传感器

压电式传感器以材料的压电效应为基础，在外力作用下，材料的表面产生电荷，从而实现非电量到电量的转换。压电传感器是力敏元件，能测量变换为力的物理量，例如压力、应力和加速度。

压电效应：某些电介质物体，在沿一定方向对其施加压力或拉力而使之变形时，它们的表面上会产生电荷，当外力去掉后，它们又回到不带电的状态，这种现象称为"压电效应"。而具有这种压电效应的物质称为压电材料。

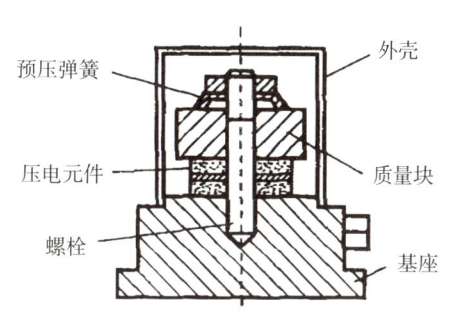

图 3-37　压电式传感器

（六）磁敏传感器

磁敏传感器的磁敏元件对磁场敏感，能够将磁学物理量转换成电信号。常用的磁敏元件有霍尔元件、磁敏电阻、磁敏管。

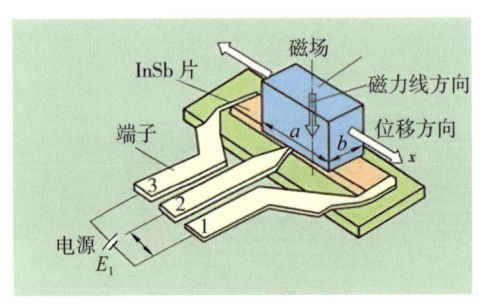

图3-38 磁敏传感器

霍尔元件：一般由锗、锑化铟等半导体材料组成。将霍尔元件、放大器、温度补偿电路及稳压电源等集成于一个芯片上就构成了线性霍尔传感器。

磁敏电阻：当仪载流导体置于磁场中时，其电阻会随磁场而变化，这种现象称为磁阻效应。磁敏电阻就是基于磁阻效应而工作的。磁阻效应是伴随霍尔效应同时发生的一种物理现象。磁阻效应与半导体材料的迁移率、几何形状有关，一般迁移率愈高，磁阻效应愈大。

磁敏管：磁敏管包括磁敏二极管和磁敏三极管。

（七）光电式传感器

光电传感器是将光量转换为电量，其物理基础是光电效应。光电效应通常分为外光电效应和内光电效应两大类。

1. 外光电效应

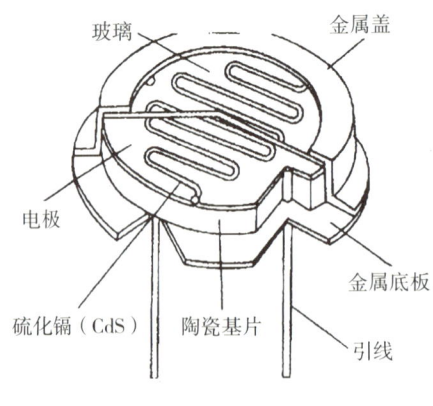

图3-39 光电传感器

在光的照射下，金属中的自由电子吸收光能而逸出金属表面的现象称为外光电效应。基于外光电效应的器件有光电管和光电倍增管。这些光电器件属于真空管类。

2. 内光电效应

半导体材料受光的照射后，其电导率发生变化的现象称为光导效应，而受光后产生电势的现象称为光生伏特效应。二者统称为内光电效应。基于光导效应的光电器件有光敏电阻，基于光生伏特效应的有光电池、光敏晶体管等。

第三节 仪器仪表选择

依据测试目的和要求的不同,在选择测试仪器时也不同。测试仪器本身是一个系统,所谓"系统"通常是指一系列相关事务按一定联系组成能够完成人们指定的任务的整体。依据测试项目要求,含义的伸缩性很大。例如在测量环境温度时,简单的温度测量仪有液柱式温度计,稍复杂的温度测量仪器可能包括多个组成环节,如传感器、放大器、中间变换电路、记录器以及其他滤波单元等。所以不管是测量系统还是测量装置,只要能够完成一定的测量功能,我们可以统称为仪器仪表,本书不在进行严格的区分。

一、仪器仪表的基本技术特征

仪器仪表的基本特征主要是分析和处理输入量、输出量以及仪器仪表本身的传输特性三者之间的关系,知道其中的两个量,就可以确定另一个量。

仪器仪表在设计的理想状态应具有单值的、确定的输入输出关系。即对于每一输入量都应只有单一的输出量与之对应。其中以输入与输出成线性关系最佳。在输入取值基本不随时间而变化的静态测量中,仪器仪表的这种线性关系虽然总是希望的,但不是必须的,因为用曲线校正或输出补偿技术做静态非线性校正并不困难;在动态测试中,仪器仪表本身应该力求是线性系统,在一定范围内和一定的误差条件下尽可能保持线性。

仪器仪表的测量系统静态特性是指被测信号为静态信号或变化缓慢信号时测试装置的输入与输出之间的关系,描述它们之间的关系曲线称为定度曲线,它必须通过实验的方法得到。

静态特性主要有线性度、灵敏度和回程误差三项。

当输入量随时间变化时,仪器仪表所表现出的响应特性称为测试系统的动态特性。测试系统的动态特性好坏主要取决于测试系统本身的结构,而且与输入信号有关,所以描述测试系统的特性实质上就是建立输入信号、输出信号和测试装置结构参数三者之间的关系。即把测试系统这个物理系统抽象成数学模型,而不管其输入输出量的物理特性(即不管是机械量、电量或热学量),得出输入信号与响应信号之间的关系。

二、选择原则

在使用仪器仪表时，要根据被测量参数合理选择仪器仪表。应考虑测量范围、准确度等级、控制方式及附加功能等。

测量范围是指仪器仪表能够测量的最小数值与最大数值之间的范围。一般应使测量值处于测量范围的 80%~95%。

准确度等级是指符合一定的计量要求，使误差保持在规定极限以内的测量仪器的等别、级别。准确度等级分低准确度、中准确度、高准确度。

不同仪表的控制方式不同，控制效果相差很大，弄清楚其间的差异相当困难，但可按以下原则选择：

对控制效果无明确要求，只要将被测参数控制在某一设定值附近即可。

需要将参数控制在某一范围的，或要求过冲或稳定后波动较小的可选时间比例调节。

对于控制效果要求很高，可选择 PID 调节的仪表通过可控硅触发器调整。

三、关注的重点

选择测量仪器应重点关注以下几点。

1. 仪器的灵敏度

灵敏度表示对被测量变化的敏感程度，一般定义为测量仪器指示值（指针的偏置角度、数码的变化、位移的大小等）增量与被测量增量之比。此值越大，代表灵敏度越高。

2. 测量结果准确度

测量结果准确度指测量结果与被测量真值之间一致的程度。测量仪器的准确度指测量仪器给出接近于真值的响应的能。准确度只是一个定性概念而无定量表达。测量误差的绝对值大，其准确度低。但准确度不等于误差。准确度只有诸如：高、低；大、小；合格与不合格等类表述。对于测量仪器的准确度，则还有级别或等别的表述。用量值给出准确度是错误的，例如：准确度为 0.5 毫克，这里 0.5 毫克是什么是不明确的。

准确度是用来同时表示测量结果中系统误差和随机误差大小的程度．多次测量值的平均值与真值的接近程度。

3. 系统误差

系统误差又叫做规律误差。它是在重复性条件下，对同一被测量进行无限多次测量所得结果的平均值与被测量之差。

在一定的测量条件下，对同一个被测尺寸进行多次重复测量时，误差值的大小和符号（正值或负值）保持不变；或者在条件变化时，按一定规律变化的误差。

第四节　农机试验鉴定案例

一、农机试验鉴定的目的和意义

农机购置补贴政策的实施，为促进农机装备总量增加和结构优化，提高优势农产品集中产区农机装备水平，提高农业综合生产能力，建设资源节约型环境友好型农业发挥了积极作用。在充分调动和保护农民使用购买农机的积极性，提高农民购买农业机械能力，扩大农户直接受益范围，促进农民增收提供了政策保障。农业机械的试验鉴定确保先进适用、技术成熟、安全可靠、节能环保、服务到位的机具推广应用提供了有力的技术支持。

玉米收获机的试验鉴定，是为促进收获机的推广应用，农机鉴定机构通过科学试验、检测和考核，对其适用性、安全性和可靠性做出技术评价，为农业机械的选择和推广提供依据和信息的活动。下面先了解一下玉米收获机的基本情况：

1. 玉米收获方式和收获机械种类

机械化收获过程中用到的机械主要有三类，一是收获机械，包括联合收获机和玉米摘穗机等。二是收获后处理机械，包括剥皮机、脱粒清选机等。

玉米机械收获可分为联合收获（摘穗—剥皮—秸秆处理，三个环节连续进行）、半机械化收获（摘穗—剥皮—秸秆处理，三个环节分段进行）和用谷物联合收获机换装玉米割台作业等几种形式。

2. 玉米收获机主要技术参数

玉米收获机主要技术参数主要包括：配套动力、结构参数、作业能力、主要零部件信息等参数，按机型不同予以区分见表3-1、表3-2。

表 3-1　4YZL-6 型玉米收获机（脱粒型）主要技术参数表

序号	项目		单位	设计值
1	结构型式		/	自走式
2	配套发动机（或拖拉机）	型号规格	/	WP6G190E330
		额定功率	kW	140
		额定转速	r/min	2 200
3	外形尺寸（长×宽×高）		mm	9 110×4 250×4 030
4	结构质量		kg	10 660
5	工作行数		行	6
6	适用行距范围		mm	600~700
7	工作幅宽		mm	4 100
8	最小离地间隙		mm	390
9	最小通过半径	左转	mm	6 960
		右转		8 730
10	理论作业速度		km/h	1.5~6.5
11	作业小时生产率		hm²/h	0.6~1.2
12	单位面积燃油消耗量		kg/hm²	≤35
13	拉茎辊型式		/	刀片式
14	脱粒滚筒	型式	/	单轴流锥形组合滚筒
		外径×长度	mm	620×3 240
		数量	个	1
15	风扇	型式	/	离心式
		直径	mm	φ450
		数量	个	1
16	凹版筛型式		/	栅格式
17	变速箱类型		/	机械+静液压驱动
18	轮距	导向轮	mm	2 450
		驱动轮		2 450
19	轮胎规格	导向轮	/	13.6~24
		驱动轮	/	23.1~26

表 3-2 4YZ-3 型玉米收获机（摘穗型）主要技术参数表

序号	项　目		单位	设计值
1	结构型式		/	自走式
2	配套动力		kW	92
3	工作状态外形尺寸（长×宽×高）		mm	8 840×2 350×3 700
4	结构质量		kg	7 000
5	工作行数		行	3
6	最小离地间隙		mm	210
7	作业前进速度		km/h	1.73~5.4
8	行距范围		mm	600~700
9	最大卸果穗高度		mm	1 720
10	轮距	前轮	mm	1 820
		后轮	mm	1 960
11	最小转弯半径	左	mm	6 600
		右	mm	6 700
12	摘穗辊型式		/	拉茎辊与摘穗板组合
13	剥皮辊型式		/	铸铁、橡胶对辊
14	摘穗板型式		/	板式
15	拉茎辊型式		/	镶刀式
16	茎秆切碎机构型式		/	甩刀式
17	生产率		hm²/h	0.34~0.7
18	燃油消耗量		kg/hm²	≤24.99

3. 收获机械型号编制规则

根据 JB/T 8574—2013《农机具产品型号编制规则》，收获机械产品型号依次由分类代号、特征代号和主参数三部分组成。

（1）玉米收获机型号及编码规则。

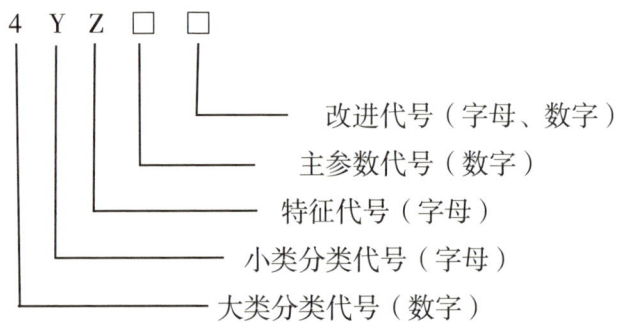

(2)玉米收获机型号的含义。

a. 收获机械大类分类代号为"4";

b. 玉米收获机械小类分类代号为"Y";

c. 特征代号,反映结构特征、产品用途、驱动方式等的不同,使用1-3个字母表示;

d. 自走式:用字母"Z"表示,悬挂式:用字母"D"表示,牵引式:用字母"Q"表示;

e. 主参数代号反映机具收获行数和工作幅宽mm,工作幅宽标注在括弧内,无通道的只标工作幅宽。用数字表示;

f. 改进代号,反映产品的改进情况,在原型号后面加注字母"A",如果进行了多次改进,则在字母"A"后加注顺序号。

(3)型号编制示例

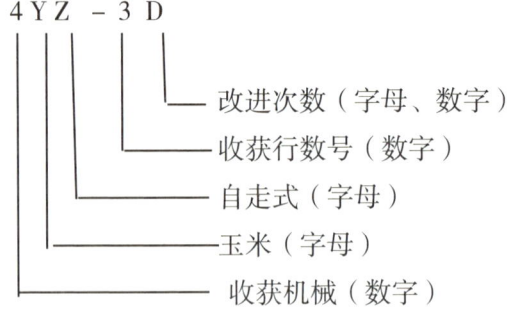

3行自走式玉米收获机机的型号表示为:4YZ-3D

示例:

① 自走式收获3行工作幅宽1800mm:4YZ-3(1800)

② 自走式收获4行工作幅宽2500mm带剥皮:4YZB-4(2500)

③ 自走式收获5行工作幅宽3000mm带剥皮液压驱动:4YZBY-5(3000)

④ 悬挂式收获 3 行工作幅宽 1800mm：4YD-3（1800）

⑤ 悬挂式收获 4 行工作幅宽 2200mm 带剥皮：4YDB-4（2200）

⑥ 牵引式收获 4 行工作幅宽 2400mm 带剥皮：4YQB-4（2400）

二、玉米收获机的试验鉴定

农业机械试验鉴定，是指为促进先进适用农业机械的推广应用，农机鉴定机构依据《中华人民共和国农业机械化促进法》《农业机械试验鉴定办法》通过科学试验、检测和考核，对农业机械的适用性、安全性和可靠性做出技术评价，为农业机械的选择和推广提供依据和信息的活动。根据鉴定目的不同，农机鉴定分为推广鉴定、选型鉴定、专项鉴定三类。

（一）玉米收获机推广鉴定评价依据的有关标准

GB/T 4269.1　农林拖拉机和机械、草坪和园艺动力机械　操作者操纵机构和其它显示装置用符号　第 1 部分：通用符号

GB/T 4269.2　农林拖拉机和机械、草坪和园艺动力机械　操作者操纵机构和其它显示装置用符号　第 2 部分：农用拖拉机和机械用符号

GB 10395.1—2009　农林拖拉机和机械　安全技术要求　第 1 部分：总则

GB 10395.7—2006　农林拖拉机和机械　安全技术要求　第 7 部分：联合收割机、饲料和棉花收获机

GB 10396　农林拖拉机和机械、草坪和园艺动力机械　安全标志和危险图形　总则

GB/T 14248—2008　收获机械制动性能测定方法

GB 16151.12—2008　农业机械运行安全技术条件　第 12 部分：谷物联合收割机

GB/T 20790—2006　半喂入联合收割机　技术条件

JB/T 5117—2017　全喂入联合收割机　技术条件

JB/T 6268　自走式收获机械　噪声测定方法

（二）农机推广鉴定的内容

推广鉴定依据农业部和省级人民政府农业机械化行政主管部门发布的推广鉴定通则和相关产品推广鉴定大纲进行。玉米收获机械的推广鉴定依据是 DG/T 015—2016《自走式玉米收获机械》，鉴定内容包括：产品一致性检查、安全检查、适用性评价、可靠性评价等。

1. 产品一致性检查

一致性检查是指对样机（样品）重要结构和特征参数检查结果与企业产品执行标准、产品使用说明书等技术文件的符合程度进行确认的活动。

（1）检查内容和方法。企业产品执行标准、产品使用说明书等技术文件确定的重要结构和特征参数，应能反映申请鉴定的产品特征，并与鉴定大纲对产品一致性控制的程度相匹配。

鉴定大纲规定规定了产品一致性检查的项目、允许变化的限制范围及检查方法见表3-3。制造商（申请方）填报的产品规格确认表的设计值应与其提供的产品执行标准、产品使用说明书所描述的产品技术规格值相一致。对照产品规格确认表的设计值对样机的相应项目进行一致性检查。

表3-3 一致性检查项目、允许变化的限制范围及检查方法

序号	检查项目		限制范围	检查方法
1	型号名称		一致	核对产品铭牌
2	结构型式		一致	核对
3	配套发动机	额定功率	一致	核对发动机铭牌
		额定转速	一致	核对发动机铭牌
4	工作状态ª外形尺寸（长×宽×高）		允许偏差为2%	测量（包容样机最小长方体的长、宽、高）
5	工作行数		一致	核对
6	行距		允许偏差为1%	测量（相邻两拉茎辊间距）
7	工作幅宽		允许偏差为2%	测量（最外侧两分禾器尖内侧间距离）
8	最小离地间隙		允许偏差为2%	测量（机器最低点到地面间的距离）
9	果穗升运器	布置位置	一致	核对
		结构型式	一致	核对
10	摘穗机构型式	型式	一致	核对
		摘穗辊/板尺寸	允许偏差为2%	测量（摘穗辊/板工作长度、外径/厚度）
11	剥皮机	剥皮辊型式	一致	核对
		剥皮辊尺寸	允许偏差为2%	测量（剥皮辊工作长度、外径）
		数量（对）	一致	核对
12	割刀型式		一致	核对

（续表）

序号	检查项目		限制范围	检查方法
13	脱粒滚筒	型式	一致	核对
		外径×长度	允许偏差为2%	测量（外径：脱粒滚筒回转时外圆对应的直径；长度：脱粒滚筒最长辐板对应的长度）
		数量	一致	核对
14	清选筛型式		一致	核对
15	风扇	数量	一致	核对
		型式	一致	核对
		直径	允许偏差为2%	测量（风扇叶片外圆对应的直径）
16	凹板筛型式		一致	核对
17	秸秆处理机构	型号名称	一致	核对
		工作幅宽	允许偏差为2%	测量（最外侧两刀片外沿间距离）
		型式	一致	核对
		位置	一致	核对
18	变速方式		一致	核对
19	驱动桥	型式	一致	核对
		驱动方式	一致	核对
20	制动器型式		一致	核对
21	轴距		允许偏差为2%	测量（前、后轴两个中心线间距离）
22	轮距	导向轮	允许偏差为2%	测量（左右两个轮端面间的距离）
		驱动轮	允许偏差为2%	测量（左右两个轮端面间的距离）
23	轮胎规格	导向轮	一致	核对
		驱动轮	一致	核对

[a] 工作状态是指样机在硬化检测场地上的实际作业（卸粮装置不打开）状态。

（2）判定规则。一致性检查应以制造商的产品执行标准和产品使用说明书等为依据进行判定。一致性检查的全部项目结果均满足表3-1要求时，一致性检查结论为符合大纲要求；否则，一致性检查结论为不符合大纲要求。

2. 安全性评价

安全性评价是评价在规定的使用条件下，农业机械产品具有保护人、机器、环境、农产品品质等安全的能力活动。

（1）评价内容。安全性评价内容主要包括玉米收获机的安全防护装置，安全警示标志、号牌座、及安全使用说明等安全信息，机构的分离和清理工具、割台固定机构、灭火器等安全装备检查与制动性能、噪声等安全性能的检测。

制动性能

冷态行车制动：自走轮式联合收割机以20km/h（19km/h~21km/h）初速度，进行冷态紧急行车制动，测试其行车制动距离，往返各1次，取平均值。

驻车制动试验：轮式机在20%的试验坡道上驻车，时间不少于5min。收获机上下坡方向各1次。

耳位噪声

测试场地为土路或矮草地。在额定转速、收获部件全部运转条件下测试耳位噪声。测3次取平均值。声级计A计权慢挡。

（2）判定规则。安全防护、安全信息及安全装备，安全性能均满足大纲要求，安全性评价结论为符合大纲要求；否则，安全性评价结论为不符合大纲要求。

3. 适用性评价

适用性评价是在一定的自然条件、作物品种、农作制度条件下，评价农业机械产品是否具有保持规定特性和满足当地农业生产要求的能力活动。

（1）评价方法。适用性评价采用选点试验与用户调查相结合的方法进行。根据产品的适用范围，在主作业区选取3个有代表性的区域进行用户调查，其中1个区域进行性能试验。重点考核产品的作业能力、作业质量、通过性等。

（2）评价内容。根据产品的适用范围，选取1个区域进行性能试验。评价内容包括总损失率、籽粒破碎率、苞叶剥净率、果穗含杂率、籽粒含杂率、秸秆粉碎长度合格率、秸秆切段长度合格率等作业性能和用户调查结果。

（3）试验准备。试验所用仪器设备应经过计量检定合格或校准且在有效期内，其测量范围和准确度应符合表3-4要求。

表 3-4　被测参数常用检测仪器设备及准确度要求

序号	测量参数	仪器设备	测量范围	准确度要求
1	长度	钢卷尺	≥ 5m	± 10mm
			（0~5）m	± 1mm
			（0~50）mm	± 0.5mm
2	质量	电子秤	（0~30）kg	± 0.05kg
			（0~6）kg	± 1g
			（0~300）g	± 0.1g
3	时间	计时器	（0~24）h	± 0.5s/d
4	环境温度	气象监测仪	（0~50）℃	± 1℃
5	环境湿度		（0~90）%	± 5%
6	土壤坚实度	土壤坚实度测试仪	（0~5）MPa	± 0.2MPa

① 确定接样方法，准备好标杆、接样布、接粮袋、样品袋、镰刀、铁锹、烘干箱等用品，做好人员分工。

② 确认样机。试验开始前，需依据样品技术参数表对样机进行核实确认。将收获机停放在试验地旁边平整的地面上，由试验人员按照抽样单对样机的规格型号、结构型式、出厂编号、出厂日期、生产单位、发动机型号名称、生产企业、标定功率/标定转速等进行确认，确保拟试验的样机与所抽样机一致。

③ 确定样机状态。试验样机的技术状态应良好，试验开始前允许试割并按照使用说明书的规定对样机进行调整和保养。驾驶员的驾驶技术应熟练，试验过程中不应更换驾驶员。

（4）试验条件的测定。试验开始前，应做好试验地和作物条件的选择。由试验人员对试验地块的作物条件如：品种、自然高度、果穗特征、作物倒伏情况、籽粒含水率、百粒重等以及地表条件如：土壤坚实度、土壤含水率、地块形状、地势、障碍物等进行调查并做好记录。

① 试验地选择。试验地应具有代表性，地势应平坦，无障碍物，地表条件符合使用说明书要求；试验地的面积能满足全部性能试验项目检测的需要。

② 作物条件选择。选择作物长势比较均匀，没有病虫害，产量中等以上的有代表性的玉米品种；要求作物表面没有明水，籽粒含水率为15%~35%（适用于果穗收获）、籽粒含水率为15%~25%（适用于直接脱粒收获），无倒伏，果穗下垂率低于15%，最低结穗高度大于35cm。

③ 作物条件测量。a. 测量地表条件

测定垄高、垄距，测定方法按 GB/T 5262-2008 的规定进行。并记录土壤质地、地表起伏状况、地形坡度、试验区面积、杂草种类和密度等。

b. 测量土壤条件

测定土壤的绝对含水率和土壤坚实度，方法按 GB/T 5262-2008 的规定进行。土壤绝对含水率和土壤坚实度分两层测定，取样深度分别为 0cm~10cm、10cm~20cm。

c. 测量作物条件

按 GB/T 5262-2008 的规定采用 5 点法（在矩形的试验地/区内划两条对角线，其交点处为一个取样点，对角线上距四个顶点 1/4 对角线长度处为另外四个取样点）测量。测定株距、行距、百粒质量，测定作物的自然高度、最低结穗高度、单穗籽粒质量、果穗尺寸、单株秸秆质量、产量、自然落粒等。并记录作物品种、成熟度、种植方式等；

（a）每个测量点位连续取 10 株，分别测定每株（穗）的自然高度、最低结穗高度（植株最低果穗基部到所在垄顶面的距离）、秸秆直径（测量距垄顶面 100mm 非节处）、分别测定每个果穗和光果穗大端直径、果穗长度、单穗籽粒质量、单株秸秆质量（指高出垄顶面 100mm 以上、去掉果穗和果柄后的植株质量），计算平均值；

（b）测定植株折弯率、果穗下垂率、作物倒伏率，每个测量点位连续测 50 株，求百分比；

（c）测定籽粒、苞叶、果柄、秸秆根部的含水率，按 GB/T 21961-2008 中 5.3.1.8 进行。

d. 测量气象条件

测定风速、环境温度与相对湿度，测定方法按 GB/T 5262-2008 的规定进行。在整个试验过程中应测定 5 次，取其范围值，并记录天气情况。

（5）试验区的施划

① 试验区由稳定区、测定区和停车区组成。测定区长度应不少于 20m，测区前应有不少于 20m 的稳定区，测定区后应有不少于 15m 的停车区。

② 测定区清理。为保证检测质量，测定前要清除测定区和清理区（包括测区相邻的已割地和未割地 2~4 行）内的自然落粒、落穗、断裂、倒伏、不成熟植株及结穗高度在 35cm 以下的果穗。清理后自然落粒记为零。

③ 确定测量基准点位。为便于操作，施划测区时需在测定区内等间隔取 3

个固定测量点位,用于进行割台损失、割茬、秸秆处理等作业质量测定。测量点位定在各试验行程的测定区内,每个测量点位取一个作业幅宽,长度为1m,测量点位长度不够时可以延长。

④ 确定试验挡位。性能试验宜选择常用的工作挡位,通常需按约定进行若干个不同作业速度(或作业挡位)的试验行程。试验开始后,按预先确定挡位作业,应保持直线行驶,不允许变换挡位。

(6)作业质量检测。玉米机械收获作业质量检测主要包括损失率、籽粒破碎率、含杂率、苞叶剥净率、留茬高度、秸秆粉碎合格率、抛撒均匀度等作业指标。

① 喂入量、作业速度的测定

从粉碎(切段)秸秆、苞叶、果穗(或籽粒)各排出口,接取样机通过测定区时全部排出物,分别称其质量,同时测定并记录通过时间。按GB/T 21961-2008中式(1)和式(2)分别计算喂入量和作业速度。

粉碎秸秆难以接取时,允许采用计算的方法折算出接取的秸秆质量(单株秸秆平均质量 × 测定区内株数)。

② 总损失率的测定

a. 籽粒总质量

果穗收获机测定区内的籽粒总质量,允许用计算的方法折算(单穗籽粒平均质量 × 测定区内果穗数)。

b. 落地籽粒损失率

在测定区(包括清理区)内,捡起全部落地籽粒(包括秸秆中夹带籽粒)和小于5cm的碎果穗并脱粒,称其质量,按下式(1)计算。

$$S_L = \frac{W_L}{W_Z} \times 100 \quad (1)$$

式中 SL——籽粒损失率,%;
  W_L——落地籽粒重,g;
  W_Z——测定区内总籽粒重量,g;
其中:$W_Z = W_q + W_u + W_L$
  W_q——从果穗升运器接取果穗籽粒和果穗夹带籽粒重量,g;
  W_u——漏摘和落地果穗籽粒重量,g。

c. 果穗损失率

在测定区（包括清理区）内，收集起漏摘和落地的果穗（包括 5cm 以上的果穗段），脱粒后称其籽粒质量，按式（2）计算。

$$S_u = \frac{W_u}{W_z} \times 100 \tag{2}$$

式中：S_u——果穗损失率，%。

d. 苞叶夹带籽粒损失率

从苞叶排出口接取物中，分离出夹带的籽粒，并称其质量，计算夹带籽粒损失率。具有苞叶夹带籽粒回收装置的可不检测此项。

e. 总损失率计算

总损失率＝落地籽粒损失率＋果穗损失率＋苞叶夹带籽粒损失率

③ 苞叶剥净率的测定

按 GB/T 21961—2008 中 6.2.4 进行，按式（3）计算。

$$B = \frac{G_j}{G} \times 100 \tag{3}$$

式中　B——苞叶未剥净率，%；

G_j——未剥净苞叶果穗数，个；

G——测定区内接取果穗总数，个。

④ 果穗含杂率的测定。按 GB/T 21961—2008 中 6.2.5 进行。在测定区内，接取果穗升运器排出口的排出物，分别称出接取物总重量及杂物（包括泥土、砂石、茎叶和杂草）重量，带剥皮功能的，果穗上未剥下的苞叶不计入杂物。按式（4）计算。

$$G_a = \frac{W_a}{W_p} \times 100 \tag{4}$$

式中：G_a——果穗含杂率，%；

W_p——测定区内，从果穗升运器排出口接取排出物的总重量，g；

W_a——杂物重量，g。

⑤ 籽粒含杂率的测定。按 GB/T 21961—2008 中 6.2.6 进行。

⑥ 籽粒破碎率的测定。按 GB/T 21961—2008 中 6.2.7 进行，按式（5）计算。

$$Z_s = \frac{W_s}{W_i} \times 100 \qquad (5)$$

式中　Z_s——籽粒破碎率，%；

　　　W_s——破碎籽粒重量，g；

　　　W_i——样品总重量，g。

⑦秸秆粉碎长度合格率、秸秆抛撒不均匀度的测定（适用于带秸秆粉碎还田功能的机型）

在测定区内等间隔取 6 个测量点位，每点取 0.5m 作业幅宽，拣拾所有秸秆（包括未割下和轧倒的秸秆）称其质量，从中挑出长度大于 100mm 的秸秆（不含其两端的韧皮纤维）称其质量，按式（6）和式（7）计算秸秆粉碎长度合格率，按式（9）计算秸秆抛撒不均匀度。

$$F_{ni} = \frac{M_{zi} - M_{bi}}{M_{zi}} \times 100 \qquad (6)$$

$$\overline{F}_n = \frac{\sum_{i=1}^{6} F_{ni}}{6} \qquad (7)$$

$$\overline{M} = \frac{\sum_{i=1}^{6} M_{zi}}{6} \qquad (8)$$

$$Q_{ni} = \frac{L_{zi} - L_{bi}}{L_{zi}} \times 100 \qquad (9)$$

式中：F_{ni}——第 i 测点秸秆粉碎长度合格率，%；

　　　M_{zi}——第 i 测点秸秆总重量，g；

　　　M_{bi}——第 i 测点不合格秸秆重量，g。

　　　$\overline{F}_n$——工况秸秆粉碎长度平均合格率，%。

⑧秸秆切段长度合格率的测定（适用于秸秆粉碎回收的机型）

首先要根据农艺要求确定出秸秆切段长度的标准值 L，秸秆切段长度合格范围确定为 0.7L~1.2L。

从每个行程粉碎（切段）秸秆排出口的接取物中，随机取三个不少于 1kg 的样品，可通过手工分选、机械分选、气力分选或其他分选手段对样品进行分选，分选出切段长度小于 0.7L 和切段长度大于 1.2L 的秸秆（不含其两端的韧皮纤维），称其质量，按式（10）和式（11）计算秸秆切段长度合格率。

$$Q_{ni} = \frac{L_{zi} - L_{bi}}{L_{zi}} \times 100 \qquad (10)$$

$$\overline{Q_n} = \frac{\sum_{i=1}^{3} Q_{ni}}{3} \qquad (11)$$

式中　Q_{ni}——第 i 测点秸切段碎长度合格率，%；

　　　L_{zi}——第 i 测点秸秆总重量，g；

　　　L_{bi}——第 i 测点不合格秸秆重量，g。

　　　$\overline{Q_n}$——测区内秸秆切段长度合格率，%。

⑨ 割茬高度的测定

在测定区的全割幅内，等间隔取 3 个测量点位，每点连续测定 10 株割茬，测量割茬切口至垄顶高度，取平均值。

⑩ 按照制造商（申请方）提供的用户名单逐户进行调查，填写用户调查表。调查可采用实地、信函或电话等方式进行。

（7）判定规则。作业性能试验结果和用户调查统计结果符合大纲要求时，适用性评价结论为在选定的区域内符合大纲要求；否则，适用性评价结论为不符合大纲要求。

4. 可靠性评价

可靠性评价是农业机械产品在规定的条件下和规定的时间（或作业量）内，是否具有保持规定功能和特性的能力活动。

（1）评价方法。可靠性评价采用生产查定与用户调查相结合的方法进行。

（2）评价内容。可靠性评价的内容包括生产查定的有效度和用户满意度。

① 生产查定有效度

性能试验结束后，继续对样机进行累计作业时间不少于18h（或三个班次）的生产查定。记录作业时间、调整保养时间、样机故障情况及故障排除时间。按式（12）计算有效度。

$$K = \frac{\sum_{i=1}^{n} T_{zi}}{\sum_{i=1}^{n} T_{zi} + \sum_{i=1}^{n} T_{gi}} \times 100\% \qquad (12)$$

式中　K——有效度，以百分数表示；

n——样机台数;

T_{zi}——第 i 台样机累计作业时间,单位为小时(h);

T_{gi}——第 i 台样机故障修复时间,单位为小时(h)。

② 用户满意度调查

可靠性用户调查与适用性用户调查同时进行。按式(13)计算用户满意度 S。

$$S = \frac{1}{m}\sum_{i=1}^{m} S_i \times 20 \qquad (13)$$

式中 S——用户满意度(百分制);

m——调查的用户数;

S_i——第 i 个用户赋予的满意度分值。

(3)判定规则

有效度 K ≥ 98%,且生产查定和用户调查中未发生导致机具功能完全丧失、危及作业安全、造成人身伤亡或重大经济损失的致命故障,以及主要零部件或重要总成(如发动机、割台、传动箱、脱粒清选机构、输送机构、轴承座以及机架等)损坏、报废,导致功能严重下降,无法正常作业的严重故障,用户满意度 S 不小于 80 分,可靠性评价结论为符合大纲要求,否则,可靠性评价结论为不符合大纲要求。

在生产查定与用户调查中如果发生本大纲 4.4.2.1 所述的严重故障、致命故障,试验和调查不再继续进行,可靠性评价结论为不符合大纲要求。

5. 鉴定综合判定规则

产品一致性检查、安全性评价、适用性评价、可靠性评价为一级指标。一级指标均符合大纲要求时,推广鉴定结论为通过;否则,推广鉴定结论为不通过。

第四章
农机质量管理

第一节 法律法规框架

中华人民共和国农业机械化促进法的颁布实施，标志着中国农机化事业从此有法可依，同时成为农机推广鉴定合法性的法律依据。

《中华人民共和国农业机械化促进法》第三章质量保障中明确了农机生产、销售企业对其制造生产、销售的农机产品必须符合国家有关标准和技术规范，并对其生产、销售的农机产品的质量负责；按照《中华人民共和国标准化法》依据相关标准要求组织生产；产品质量监督部门、工商部门和农机部门可以依照《中华人民共和国产品质量法》对农机产品质量进行监督管理，及按照《产品质量监督管理条例》的要求，在中华人民共和国境内从事产品生产、销售活动，必须遵循《中华人民共和国产品质量法》加工、制作，用于销售的产品。

一、农业机械标准化体系建设

农业机械化标准体系是由农业机械化领域内所有具有内在联系的标准组成的科学有机整体，它是由农业机械化标准和农业机械产品标准两部分构成。

我国农业机械化水平还不高，与农业发达国家相比有很大差距。差距大的重要方面体现在我国农机产品比较落后、质量问题较多，影响机械作业的效率和质量，制约了农业机械化的发展，作为农机产品安全与质量保证的有关农业机械标准还不完善是重要原因。长期以来，农业机械安全标准不健全，导致近年来农机安全事故频繁，农业机械的排放、噪声和漏油等造成严重污染，直接影响了广大人民群众的生命安全与健康。我国农业机械还缺乏强制性报废规定，造成大量本该淘汰的农业机械继续使用，成为能源浪费与环境污染的一个重要方面，也是农业机械事故发生的一个主要原因。我国传统的农业机械产品的设计关注的只是"能用"，往往忽视了产品的安全指标，致使一些产品存在先天的设计缺陷。20世纪90年代以来，我国农业机械国家标准中开始吸收ISO标准中有关安全方面的要求，将农业机械的安全防护措施提升为强制性国家标准即强制执行的技术规范，农机设计关注的重点转移到不仅要"能用"，而且要保证"安全使用"。对比新旧两代农业机械，不难发现，在旧的农机产品上裸露着的传动皮带、传动链等容易导致人身伤亡事故的运动部件，在新型农业机械中已大大减少；旧的农机中刀片、齿轮、滚筒等手脚容易触及的部件，在新型产品中增加了遮挡。同时新型农机还在显要部位标有颜色鲜明、清晰可见的安全标志。当前迫切需要制定、完善农机安全、环保方面的国家强制性技术规范。我国加入世贸组织后，加快我国有关农业机械标准建设尤为重要。一方面，我国通过制定和完善有关农业机械标准，引进国外先进技术，对限制类产品实行高标准措施；另一方面，也可以防止国外劣质农机产品涌入我国，保护我国农机工业的发展，按照国际通行做法，建立有效的技术壁垒。

农业机械化标准是为农业机械管理、使用和农业机械化服务活动而制定的技术规范。它以管理和服务类标准为主体，应用于农业机械技术管理、社会化服务和安全使用等环节，规范和调整机械化农业生产活动中管理者、技术服务提供者和用户之间的关系，为贸易活动、仲裁检验和农艺服务提供技术依据。农业机械化标准主要分为国家标准、行业标准、地方标准和团体标准。农业机械化的国家标准是由国务院农业行政主管部门提出，由相应的农业机械标准化技术委员会审定并由国家质检总局批准发布。农业机械产品标准是指导农机生产企业组织生产的标准。农业机械产品的国家标准是由国家机械工业联合会提出，由相应的农业机械标准化技术委员会负责审定并由国家质检总局发布。目前，我国农业机械化和农业机械产品标准（国家标准和行业标准）有千余项（含拖拉机），基本覆盖各类农机产品和农机化领域。

农业机械产品质量标准是指农机产品的评定指标、要求和评定方法，是产品质量评定的依据，农机试验鉴定机构依据农机产品质量标准对农机产品质量进行评定，农机生产企业也可将此类标准作为产品出厂检验的依据。对农业机械产品

涉及人身安全、农产品质量安全和环境保护的技术要求，应当按照有关法律、行政法规的规定制定强制执行的技术规范。目前，我国已对某些农业机械产品涉及人身安全和环保的技术要求制定了部分强制执行的技术规范，主要是植保机械。

二、农业机械产品质量监督

《中华人民共和国农业机械化促进法》中第十二条 产品质量监督部门应当依法组织对农业机械产品质量的监督抽查。

工商行政管理部门应当依法加强对农业机械产品市场的监督管理工作。

国务院农业行政主管部门和省级人民政府主管农业机械化工作的部门根据农业机械使用者的投诉情况和农业生产的实际需要，可以组织对在用的特定种类农业机械产品的适用性、安全性、可靠性和售后服务状况进行调查，并公布调查结果。

根据产品质量法规定，国家对产品质量实行以抽查为主要方式的监督检查制度，监督抽查工作由国务院产品质量监督部门规划和组织，县级以上地方产品质量监督部门在本行政区域内也可以组织监督抽查；抽查的范围包括对可能危及人体健康和人身、财产安全的产品，影响国计民生的重要工业产品以及消费者、有关组织反映有质量问题的产品进行抽查，监督抽查所需检验费用按照国务院规定列支；国务院和省、自治区、直辖市人民政府的产品质量监督部门定期发布其监督抽查的产品的质量状况公告；对依法进行的产品质量监督检查，生产者、销售者不得拒绝，生产者、销售者对抽查检验的结果可以提出复检；对监督抽查的产品质量不合格或者有严重质量问题的，依法追究行政责任和刑事责任。

产品质量法对工商行政管理部门依法进行产品质量的市场监督和违法行为的查处作了规定，并明确产品质量监督部门和工商行政管理部门按照国务院规定的各自职权范围对查处违法行为给予行政处罚。国家工商行政管理总局负责流通领域的商品质量监督管理，国家质量监督检验检疫总局负责生产领域的产品质量监督管理。国家工商行政管理总局在实施流通领域商品质量监督管理中查出的属于生产环节引起的产品质量问题，移交国家质量监督检验检疫总局处理。国家工商行政管理总局不再重新组建检测检验机构。按照上述分工，两部门要密切配合，对同一问题不能重复检查、重复处理。因此，工商行政管理部门应当依照产品质量法和《促进法》的规定对农业机械产品市场的监督管理。

三、农业机械质量调查

农业机械质量调查办法是指省级以上人民政府农业机械化行政主管部门组织对在用的特定种类农机产品的适用性、安全性、可靠性和售后服务状况进行调查监督的活动。

我国的农业机械产品仍处于产品品种单一、耗能高、技术水平低、使用性能差、作业质量不稳定的状态。加上农村的整体购买力尚处于较低水平，农民支付不起购买科技含量高、适用范围广的农机具，因此低质低价及设计简单的农业机械大量充斥农机市场。机具适应性差、损失率高、可靠性差、故障频繁、整机装配质量不高等，一些企业培训、维修、售后服务方面做得不好，机器出了故障，找不到"三包"服务人员，或"三包"人员无适用的配件，维修质量不尽如人意，既耽误农时，也给农机使用者造成经济损失。

在人们以往的观念中，产品质量的好坏、高低，是在产品出厂时用产品技术指标（国家标准、企业标准等）衡量，凡符合现行产品标准的，就认为质量是好的，随着农业、农村经济的发展和农业生产新技术、新农艺拓展实施，这种质量观念越来越不能适应生产实际发展的需要。产品需符合标准是正确和必要的，但产品的适应性、可靠性是产品的重要质量特性，仅仅通过标准对农机产品进行出厂质量评定，只能认为其是合格产品，却不能说明它是满足农业生产实际需要的质量好的产品。农业机械产品质量要求复杂、严格，使用条件也千变万化。因地域环境气候、因农作物作业要求、因农时季节需要，对产品的性能、适应性、可靠性的要求都会在农业生产实际中真实反映出来；推广新技术、新机具，如机械化秸秆还田技术，免耕播种等，也是在农业生产实际中反映出其适用性的程度。品种繁多的农机产品总体质量不高，特别是新产品的研制与开发滞后，机具的适用性、可靠性、使用寿命满足不了地域特点农艺要求和用户需求，阻碍了我国农机化技术提高的步伐。以监督抽查、市场抽查、行业统检、市场打假为主，均是对产品本身的制造质量进行评定，十多年来为促进和提高我国农机产品质量作出了很大贡献。但是农机产品作业条件差异大，作业环境相对较差，作业季节性强，对机具的适应性和可靠性要求较高。因此，仅通过单一的质量监督抽查，难以对农机产品在实际使用中是否能满足产地、作物、品种、气候条件的适应性、可靠性要求作出真正符合实际情况的判断，常常出现检验合格的产品，在实际使用中屡出问题的现象。针对农机用户的投诉情况和农业生产实际需要，对在用的

特定种类农机产品的适应性、安全性、可靠性和售后服务状况调查，与质量抽查以及其他类型的产品质量检验工作目的是一样的，但调查的对象、内容、方式、评价侧重等考虑了时间的代表性、数量的代表性与地区的代表性，比较全面的分析使用中的质量状况，是评价农机产品质量手段的补充。其特点是当产品出厂后进入实用领域后在生产第一线进行质量调查，不是反映出厂时的质量水平，而是对正在使用的机具调查实际使用的质量状况。如产品的质量跟踪调查、全国或区域性的质量普查、选型试验、调查等。调查比较能更全面、更深刻地反映产品的质量状况。包括农机手对机具质量和企业"三包"服务的评价，机手参加培训的情况及操作、保养和调整技能状况，机具的地区适应性、使用方便性、作业性能、故障分布和安全性，调查发现的问题及时反馈给企业等等。这对于企业提高产品质量、提高"三包"服务水平、促进企业加快技术进步，加快开发满足不同农业生产条件和农民需求的多档次农机产品、开展农机具选型，推广先进适用的农业机械都有很好的促进和帮助作用。

调查在用农业机械产品特定种类的选择，应是依据农业生产需要，结合特定时期，如春耕时节、"三夏"、"三秋"、跨区作业等；结合特定种类：如与国家发展计划和当前工作要求紧密联系的；结合特定机型：如涉及人民生活健康的（与农产品质量安全相关的机械）包括加工、植保机械等。同时根据规定，调查结果要进行公布。质量调查能够更客观科学地反映质量状况，更客观提供可信的农机质量信息源。政府需要产品质量信息，建章立制，需要产品供求信息，采取措施合理调节。农民需要产品质量信息，产品供求信息，便于选购。企业需要产品质量信息，不断改进产品，适应市场，需要产品供求信息，便于生产安排。近几年来，农业部组织对一些在用的、对农业生产和农民增收影响较大的特定机具进行了质量调查，掌握了产品整体质量、适应性和可靠性状况的第一手资料，为政府的宏观管理和决策提供了依据，有效的引导了农机产品市场的发展，促进了农机新技术的开发与推广工作。

四、农业机械推广鉴定制度

《中华人民共和国农业机械化促进法》中第十六条规定国家支持向农民和农业生产经营组织推广先进适用的农业机械产品。农业机械生产者或者销售者，可以委托农业机械试验鉴定机构，对其定型生产或者销售的农业机械产品进行适用性、安全性和可靠性检测，作出技术评价。农业机械试验鉴定机构应当公布具有适用性、安全性和可靠性的农业机械产品的检测结果，为农民和农业生产经营组织选购先进适用的农业机械提供信息。

我国农业机械化发展存在着农机装备结构不合理、使用效益低，农机品种发展不平衡、技术水平低的问题，农业机械化发展总体水平落后发达国家十至二十年，通过国家鼓励和支持向农民和农业生产经营组织推广先进适用的农业机械，可以增加先进适用农业机械的需求，逐步改善农机产品的结构和性能，不断提高农机产品的质量，使农机产品的发展方向符合农业生产发展的要求。

推广农业机械产品，应当适应当地农业发展的需要。推广农业机械应当依照农业技术推广法的规定，在推广地区经过试验证明具有先进性和适用性。农业机械技术作为农业技术的一种，其推广应当遵守农业技术推广法的规定。

《中华人民共和国农业技术推广法》第十九条规定，向农业劳动者推广的农业技术，必须在推广地区经过试验证明具有先进性和适用性。根据这一规定，农业机械技术在推广前必须经过试验鉴定这一环节。经证明具备先进性和适用性两个条件的，方可向农民和农业生产经营组织推广。所谓先进性，是指该农业技术比已应用的同类技术具有明显的改进，如使用方便、性能更加安全可靠，效果更好或者成本更低等，或者是该农业技术是一项全新的实用技术。所谓适用性，是指该农业技术应当符合推广地区农业生产条件的要求。产品是否具有先进性和适用性，有关技术部门只有通过试验鉴定和实际应用才能最后得出结论，这种实际应用只能在推广地区在试验基地进行，避免直接应用于农业生产给农民和农业生产经营组织造成损失。

《中华人民共和国农业机械化促进法》中第十六条第二款规定农业机械生产者、销售者自愿委托农机试验鉴定机构对其生产、销售的农机产品进行鉴定，为农民选购农机提供信息的规定。农业机械试验鉴定是指通过科学试验测定和生产考核，综合评定农机具在农业生产中的使用价值，为农业选择适用的机具提供依据，是评定农机具能否进行推广的必经程序。农业机械鉴定是提高农业机械的安全性能和各项作业性能、提高农业机械产品质量，推动大面积的农机化新技术、新机具的应用的重要手段，是农业技术推广工作的重要技术支撑和保障。农业机械推广鉴定是推广前鉴定，即对准备推广的农机具进行的全面鉴定，作出技术评价，是评定能否推广的重要环节。农业机械试验鉴定制度的实施为大面积的应用农业机械化新技术、新机具起到了保障和推动作用。农业机械试验鉴定制度的实施促进了农业机械产品质量的提高。农业机械试验鉴定已成为市场经济条件下依

法实施引导农民和农业生产经营组织使用先进适用的农业机械的有效方式，在规范农业机械市场、监控农业机械产品质量、引导企业生产方向和保护农民合法权益等方面发挥了重要作用。农业机械试验鉴定制度依据国家、行业标准和有关技术规范，由农业机械试验鉴定机构对农业机械产品进行试验鉴定，对其适用性、安全性、可靠性等合格与否的评价，符合市场经济运行规则。它不干预农业机械产品的生产与销售环节，不限制企业正常的生产经营活动，只对推广的农业机械产品实施鉴定颁证，是农机部门从满足农业机械使用技术要求和推广先进技术的目的出发，对先进适用的农业机械产品进行推荐，对农业机械商品市场进行引导，并对落实国家有关农业机械补贴政策提供依据，是农业技术推广工作的重要技术支撑和保障制度。

第二节　现行的质量管理制度

一、生产许可证制度

1. 法律依据

《中华人民共和国工业产品生产许可证管理条例》及《中华人民共和国工业产品生产许可证管理条例实施办法》

2. 生产许可证制度

是指国家对于具备某种产品的生产条件并能保证产品质量的企业，依法授予许可生产该项产品的凭证的法律制度。我国实行该制度的产品主要是重要的工业产品，特别是可能危及人体健康和人身、财产安全和公共利益的产品。生产许可证制度是为了保证产品质量，维护国家、用户和消费者利益的强制性措施。

3. 工业产品生产许可证

工业产品生产许可证是生产许可证制度的一个组成部分，是为保证产品的质量安全，由国家主管产品生产领域质量监督工作的行政部门制定并实施的一项旨在控制产品生产加工企业生产条件的监控制度。该制度规定：从事产品生产加工的公民、法人或其他组织，必须具备保证产品质量安全的基本生产条件，按规定程序获得《工业产品生产许可证》，方可从事产品生产。没有取得《工业产品生产许可证》的企业不得生产产品，任何企业和个人不得无证生产。

4. 适用范围

按照国发〔2017〕34号《国务院关于调整工业产品生产许可证管理目录和试行简化审批程序的决定》，进一步调整实施工业产品生产许可证管理的产品目录，取消19类工业产品生产许可证管理，将3类工业产品由实施生产许可证管理转为实施强制性产品

认证管理，将8类工业产品生产许可证管理权限由质检总局下放给省级人民政府质量技术监督部门。调整后，继续实施工业产品生产许可证管理的产品共计38类，其中，由质检总局实施的19类，由省级人民政府质量技术监督部门实施的19类。

目前农业机械实施生产许可证的管理的产品有饲料粉碎机及饲草机械。

对继续实施工业产品生产许可证管理的产品，为提高审批效率、降低企业取证成本，由质检总局按照《中华人民共和国行政许可法》有关规定，组织有关地区和行业试行简化生产许可证审批程序：一是取消发证前产品检验，改由企业提交具有资质的检验检测机构出具的产品检验合格报告。二是后置现场审查，企业提交申请和产品检验合格报告并作出保证产品质量安全的承诺后，经形式审查合格的，可以先领取生产许可证，之后接受现场审查。对通过简化程序取证的企业，在后续的监督检查中，如发现产品检验或生产条件不符合要求的，由发证部门依法撤销生产许可证。

5. 取得条件

工业产品生产许可证的取得条件主要有以下几点：

（1）有营业执照；

（2）有与所生产产品相适应的专业技术人员；

（3）有与所生产产品相适应的生产条件和检验检疫手段；

（4）有与所生产产品相适应的技术文件和工艺文件；

（5）有健全有效的质量管理制度和责任制度；

（6）产品符合有关国家标准、行业标准以及保障人体健康和人身、财产安全的要求；

（7）符合国家产业政策的规定，不存在国家明令淘汰和禁止投资建设的落后

工艺、高耗能、污染环境、浪费资源的情况。

法律、行政法规有其他规定的，还应当符合其规定。

另注：生产许可证有效期为5年，有效期届满，企业继续生产的，应当在生产许可证有效期届满6个月前向所在地省级质量技术监督局提出换证申请。

6. 监督管理

国务院工业产品生产许可证主管部门和县级以上地方工业产品生产许可证主管部门应当对企业实施定期或者不定期的监督检查。需要对产品进行检验的，应当依照《中华人民共和国产品质量法》的有关规定进行。

实施监督检查或者对产品进行检验应当有2名以上工作人员参加并应当出示有效证件。

二、农机推广鉴定制度

1. 法律依据

《中华人民共和国农业机械化促进法》中第十六条规定国家支持向农民和农业生产经营组织推广先进适用的农业机械产品。农业机械生产者或者销售者，可以委托农业机械试验鉴定机构，对其进行适用性、安全性和可靠性检测，作出技术评价。农业机械试验鉴定机构应当公布具有适用性、安全性和可靠性的农业机械产品的检测结果，为农民和农业生产经营组织选购先进适用的农业机械提供信息。

2. 农业机械试验鉴定（以下简称农机鉴定）

农机鉴定是指农业机械试验鉴定机构（以下简称农机鉴定机构）通过科学试验、检测和考核，对农业机械的适用性、安全性和可靠性做出技术评价，为农业机械的选择和推广提供依据和信息的活动。根据鉴定目的的不同，农机鉴定分为：

（1）推广鉴定：全面考核农业机械性能，评定是否适于推广；

（2）专项鉴定：考核、评定农业机械创新产品的专项性能。

3. 适用范围

定型生产或者销售的农业机械产品。按照 NT/T1640-2015《农业机械分类》标准分为耕整地机械、种植施肥机械、田间管理机械、收获机械、收获后处理机械、农产品初加工机械、农用搬运机械、排灌机械、畜牧机械、水产机械、农业废弃物利用处理设备、农田基本建设机械、设施农业设备、动力机械、其他机械共计15大类。

4. 农机推广鉴定程序

申请受理、鉴定实施、公告、发证、变更。

三、产品质量监督抽查制度

1. 法律依据

《中华人民共和国产品质量法》第十五条 国家对产品质量实行以抽查为主要方式的监督检查制度，对可能危及人体健康和人身、财产安全的产品，影响国计民生的重要工业产品以及消费者、有关组织反映有质量问题的产品进行抽查。抽查的样品应当在市场上或者企业成品仓库内的待销产品中随机抽取。监督抽查工作由国务院产品质量监督部门规划和组织。县级以上地方产品质量监督部门在本行政区域内也可以组织监督抽查。法律对产品质量的监督检查另有规定的，依照有关法律的规定执行。

2. 产品质量监督抽查管理办法

监督抽查分为监督抽查分为由国家质量监督检验检疫总局（以下简称国家质检总局）组织的国家监督抽查和县级以上地方质量技术监督部门组织的地方监督抽查。

产品质量监督抽查是指质量技术监督部门为监督产品质量，依法组织对在中华人民共和国境内生产、销售的产品进行有计划的随机抽样、检验，并对抽查结果公布和处理的活动。

3. 产品质量监督抽查范围

监督抽查的产品主要是涉及人体健康和人身、财产安全的产品，影响国计民生的重要工业产品以及消费者、有关组织反映有质量问题的产品。

4. 产品质量监督监督抽查的组织主体

是行政机关，包括国家质检总局和县级以上地方质监部门两类，前一类主体组织的抽查是国家监督抽查，后一类主体组织的抽查是地方监督抽查。组织主体之间分工清晰，互相配合，协调良好。前一类主体统一规划、管理、组织全国抽查工作，汇总、分析并通报全国的信息。后一类主体则不仅要统一管理、组织本行政区域内的抽查工作，汇总、分析并通报本行政区域信息，还要负责本行政区域前一类主体组织的抽查工作的后处理，并向前一类主体报送信息。（产品质量监督与强制认证的异同）

国家质检总局统一规划、管理全国监督抽查工作；负责组织实施国家监督抽查工作；汇总、分析并通报全国监督抽查信息。省级质量技术监督部门统一管理、组织实施本行政区域内的地方监督抽查工作；负责汇总、分析并通报本行政区域监督抽查信息；负责本行政区域国家和地方监督抽查产品质量不合格企业的处理及其他相关工作；按要求向国家质检总局报送监督抽查信息。

组织抽查部门发布监督抽查计划；制定监督抽查方案；指定有关部门或者委托具有法定资质的产品质量检验机构（以下简称检验机构）承担监督抽查相关工作；制定并公告发布产品质量监督抽查实施规范；确定具体抽样检验项目和判定要求。监督抽查方案应当包括以下内容：① 适用的实施规范或者制定的实施细则；② 抽查产品范围和检验项目；③ 拟抽查企业名单或者范围。

5. 监督抽查的实施主体

监督抽查的实施主体有两类，第一类是行政部门，第二类是具有法定资质的产品质量检验机构。实施主体由组织主体指定。对两类实施主体的指定程序不同。对第一类实施主体适用行政指定程序，下达行政文件即可。对第二类实施主体的指定程序是，组织主体与被委托的检验机构签订行政委托协议书，明确双方的权利、义务、违约责任等内容。实施主体按照协议书的要求执行包括任务布置、方案公示、抽样、检验、异议处理、公告和后处理等工作。实施主体的工作人员，要经培训考核合格后才能从事抽样和检验工作。

6. 产品质量监督抽查的组织实施

依据是具体任务实施方案，方案之中最为核心的就是判定依据，而判定依据主要有两类，一类是产品质量监督抽查实施规范，另一类是产品质量监督抽查实施细则。产品质量监督抽查实施规范由国家质检总局制定并公告发布。产品质量监督抽查实施规范依据法律法规、有关标准、国家相关规定等制定，对所抽查产品的检验依据、抽样、检验要求（含检验项目及重要程度分类等）、判定原则、异议处理复检等内容进行细化规定。对国家质检总局尚未制定实施规范的产品，由组织主体制定实施细则作为组织实施监督抽查的依据。

四、强制性认证制度

1. 法律依据

《中华人民共和国产品质量法》第十四条 国家根据国际通用的质量管理标准，推行企业质量体系认证制度。企业根据自愿原则可以向国务院产品质量监督部门认可的或者国务院产品质量监督部门授权的部门认可的认证机构申请企业质量体系认证。经认证合格的,由认证机构颁发企业质量体系认证证书。

国家参照国际先进的产品标准和技术要求,推行产品质量认证制度。企业根据自愿原则可以向国务院产品质量监督部门认可的或者国务院产品质量监督部门授权的部门认可的认证机构申请产品质量认证。经认证合格的,由认证机构颁发产品质量认证证书,准许企业在产品或者其包装上使用产品质量认证标志。

强制性产品认证是指为保护国家安全、防止欺诈行为、保护人体健康或者安全、保护动植物生命或者健康、保护环境,国家规定的相关产品必须经过认证,并标注认证标志后,方可出厂、销售、进口或者在其他经营活动中使用。

2. 强制性产品认证组织主体

是国家认证认可委。国家认证认可委又称国家认证认可监管局,是国务院决定组建并授权,履行行政管理职能,统一管理、监督和综合协调全国认证认可工作的主管机构,接受国家质检总局的领导,在地方没有相应机构,不是严格意义上的行政机关。虽然法律规定国家质检总局主管全国强制性产品认证工作,地方各级质监部门和各地出入境检验检疫机构负责所辖区域内强制性产品认证活动的监督管理和执法查处工作,但是无论是国家质检总局还是地方质检两局,都没有组织强制性产品认证的职责,谈不上组织方面的分工和协调配合。

3. 强制性产品认证的实施主体

强制性产品认证的实施主体有三类,分别是认证机构、检查机构和实验室。实施主体由组织主体指定。对三类实施主体的指定程序相同,具体是三部曲。第一步,组织机构提出指定计划。计划内容包括实施主体的业务领域与数量、产品范围、对实施主体的要求、指定程序和相关时限规定以及专家评审委员会组成等。组织主体通过书面公告和其网站对外发布指定计划等相关信息。第二步,实施主体按照指定计划等相关信息的要求,向组织主体提出书面申请,并提交相关证明文件。第三步,组织主体作出指定决定,指定实施机构执行。实施主体之间还要签订协议,指定的认证机构要与指定的检查机构、实验室签署书面协议,明确各自的权利义务和法律责任。由此可见,产品质量监督抽查与强制性产品认证的实施主体有部分是相同的,但监督抽查主体里的行政部门强制性认证是没有的。两者的实施主体都是由组织主体指定这点是相同的,但指定的程序完全不同,监督抽查是由组织主体向实施主体单向指定的,强制性认证则是先由组织主体向实施主体发出邀约,实施主体应邀作出承诺,最后再由组织主体作出指定,这是一个循环性质的指定。两者相同之处在于都要签订委托书或协议书,不同之处在于监督抽查的委托书是组织主体与委托主体签订，强制性认证的协议书是实施主体之间签订。

4. 强制性产品认证的组织实施依据

主要是两类，一类是认证基本规范，另一类是认证规则。基本规范由国家质检总局、国家认监委制定、发布，基本规范包括设计鉴定、型式试验、生产现场抽取样品检测或者检查、市场抽样检测或者检查、企业质量保证能力和产品一致性检查、获证后的跟踪检查这六种，可以采取单一认证模式或者多项认证模式的组合。认证规则由国家认监委制定、发布，包括适用的产品范围、适用的产品所对应的国家标准、行业标准和国家技术规范的强制性要求、认证模式、申请单元划分原则或者规定、抽样和送样要求、关键元器件或者原材料的确认要求（需要时）、检测标准的要求（需要时）、工厂检查的要求、获证后跟踪检查的要求、认证证书有效期的要求、获证产品标注认证标志的要求等规定。

5. 强制性认证的基本程序

认证的申请与受理、样品试验、初始工厂审查、认证结果评价与批准、获得认证后的监督。

6. 产品质量监督抽查与强制性认证的区别

和组织主体、实施主体、法定依据等主要的、根本的方面，从这些方面进行比较，可以总体上把握住这两项制度的本质，区分出两者之间的异同。但是，两者之间还有很多细节方面，需要进行比较，这样可以更加全面地了解和掌握这两项制度。具体还有三个细节方面要把握。一是实施的侧重点不同。强制性产品认证除了对产品的质量安全状况进行监督之外，还要重点考察持续、稳定地生产、供应满足质量安全要求的产品的能力，这就需要对申请人的环境、生产经营的环境、条件、保障能力等方面进行综合的考察，目标任务多样。产品质量监督抽查不一样，更多的是就事论事，侧重于规则符合性判断，搞清楚产品合格不合格，发现具体问题解决具体问题，目标任务单一。二是实施的结果不同。对工作对象来说，强制性产品认证制度的实施结果是认证证书，产品质量监督抽查制度实施的结果是检测报告。强制性产品认证证书没有有效期限，靠认证机构监督检查维持其有效性。监督抽查的检测报告只对样品及其代表的批次负责，有效性较短，组织主体每年都会重新制定计划开展监督抽查。对工作对象而言，取得了强制性产品认证证书，产品就可以在我国出厂、销售、进口或者在其他经营活动中使用，取得监督抽查检测报告，只能说明经过国家行政部门的当次监督检查。三是收费不同。产品质量监督抽查不得收取费用,在现在的政策趋势下,很多复检不合格收费都取消了。强制性产品认证收费有严格的、经过国家批准的标准,列有申请费(含资料翻译费)、产品检测费、工厂审查费、批准与注册费、监督复查费、年金、认证标志收费等等,收费金额不菲。

五、自愿性认证

1. 自愿性认证

我国从 2002 年 5 月 1 日起实行国家强制认证制度(CCC),对于列入"CCC"目录的产品实行强制认证,对于未列入目录的产品若需要认证,采用自愿认证的方式,CQC 自愿性认证标志见 CQC 标志管理。

对 CCC 目录外的产品,中国质量认证中心(以下简称 CQC)已发布《电工类自愿认证目录》和相关的《产品认证实施规则》。

2. CQC 产品认证的模式

型式试验+初次工厂审查+获证后监督,认证的基本环节包括:认证的申请,型式试验,初始工厂审查,认证结果评价与批准,获证后的监督。

3. 质量管理体系认证与产品认证的区别

(1)认证对象不同。质量管理体系认证与产品认证最主要的区别是认证的对象不同。产品认证的对象是特定产品,既要对产品做型式试验,以确定产品质量是否符合指定标准要求,又要对组织的质量管理体系进行评定,评定组织是否具有质量保证能力,能否持续稳定地提供合格产品。而质量体系认证的对象是组织的质量管理体系,仅评价组织的质量管理能力是否达到认证依据标准的要求。

(2)认证依据不同。质量管理体系认证的依据是等同于 ISO 9000 族系列标准的有关国家标准。它的作用是能够提高顾客对供方的信任,增加订货,减少顾客对供方的检查评定,有利于顾客选择合格的供方。而产品认证的依据除了认证机构确定的质量管理体系要求外,还包括技术依据,即申请认证产品的相关国家或行业产品标准。

(3)证书和标志的使用不同。企业通过质量管理体系认证仅证明其质量管理水平达到了相应的认证依据标准的要求,并不能证明企业的每批产品都是合格的,所以质量管理体系认证证书只能用于企业宣传,不能用在企业所生产的产品上。质量管理体系认证不能使用认证标志。

而产品认证的对象是特定的产品,企业通过产品认证即证明其产品是满足相应产品标准要求的，所以企业除可将产品认证证书用于宣传外，还可根据认证机构的要求在通过认证的产品上使用认证标志。

六、双随机抽查机制

双随机是指随机抽查检查对象、随机选派执法检查人员。

国务院总理李克强（2015 年 7 月）22 日主持召开国务院常务会议，决定推广随机抽查机制，以创新事中事后监管营造公平市场环境；部署加快转变农业发展方式，走安全高效绿色发展之路；确定全面实施城乡居民大病保险，更好地守护困难群众生命健康。

会议指出，创新事中事后监管，大力推广随机抽查机制，对于克服"任性"检查，实行"阳光"、文明执法，促使市场主体自觉守法，营造公平竞争环境，推动大众创业、万众创新，具有重要意义。会议确定，一是坚持依法监管，法律法规规章没有规定的，一律不得擅自开展检查。二是各市场监管部门要公布抽查事项目录，逐项明确抽查依据、主体、内容等。重点抽查风险较高、投诉举报多、列入经营异常名录或有严重违法记录的市场主体。三是建立随机抽取被检查对象、随机选派检查人员的"双随机"机制，严格限制监管部门自由裁量权。四是及时向社会公布抽查及处理结果，与社会信用体系相衔接，建立诚信档案、失信联合惩戒和黑名单制度。使广大市场主体不为"随意执法"所扰，不越雷池合法经营。

第三节　农机推广鉴定的基本要求及特征

一、农机推广许可证制度产生的背景

十一届三中全会以后，农村实行了家庭联产承包责任制，农民有了选购使用农业机械的自主权，但是还没有选购农业机械的常识和能力。因此，在这种情况下，为了保证农业机械化的健康发展，当时农牧渔业部认为，应该加强这方面的引导。

1982 年，农机鉴定总站根据当时农牧渔业部的指示，对当时的农机产品质量进行了调查，将农机粗制滥造造成伤亡事故的典型事例汇编成《脱粒机事故

100 例》上报后，立即引起了中央领导和有关部门的重视。当时党的总书记胡耀邦同志做了两次批示，指出"必要时要采取纪律措施"，"因质量太差，操作伤了人的工厂要负责赔偿损失才好，没有经济手段制裁不行"。当时的国务院副总理李鹏同志也做了两次批示：要"从改进小型脱粒机入手，改进产品质量"，"要求各省农机制造厂生产优质、耐用、操作方便、价格合理、便于维修、有足够配件供应的合格产品，供应农村市场"。原农牧渔业部何康部长也做了批示："其它农机具如小拖拉机也有此类问题，望由此带动农机具的质量改进工作"。基于上述情况，原农牧渔业部1982年在崂山召开会议颁发了《中华人民共和国农牧渔业部农业机械鉴定工作条例（草稿）》，从1983年1月1日开始对农业机械实施"农机推广许可证制度"。

1983年12月，原农牧渔业部与机械工业部发布了《关于严格控制产品质量，加强农机鉴定工作的联合通知》，明确指出"责成各级农机鉴定站对生产量大，使用面广的农机产品进行鉴定"，凡经过各级农机鉴定站鉴定合格的产品由鉴定站发给"农业机械推广许可证"。

1984年2月，农牧渔业部农机化管理局和机械工业部农机工业局又联合发布了"贯彻《关于严格控制产品质量，加强农机产品鉴定工作的联合通知》的实施办法"，在"办法"中详细地规定了"农机推广鉴定"的立项、采用标准、试验样机来源以及试验费用等具体办法。1988年公安部、农业部共同公布了《获得农业机械推广许可证的小型拖拉机和配套柴油机生产企业及产品目录》。

1978年十一届三中全会以后，随着农村联产承包责任制的实施，极大地焕发了广大农民生产积极性，农业机械也逐渐从集体经营向个人经营发展，产生了对中小型农机具（特别是小型机具）新的需求。在农机产品产销量迅速增加的同时，质量低劣产品也大批出现，不仅影响农业生产，也给农民造成了大量的人身伤害和财产损失。据统计，80年代初，全国每年因此造成的人身伤亡超过万人，财产损失达15亿元以上。

为了贯彻中央领导的批示精神，切实加强农机产品性能质量的管理，原农牧渔业部在1983年1月发布《中华人民共和国农牧渔业部农业机械鉴定工作条例》（试行），建立了农业机械推广鉴定制度。决定对农机产品性能和质量进行严格的检测和鉴定，合格者发放农业机械推广许可证，并在产品上粘贴相应标志。这一制度是在经济体制改革和农机经营形式逐步由集体向个人转变的形势下产生和发展起来的，是改革的产物。在实施过程中，该制度得到了有关部委的合作和

支持。1983年原农牧渔业部与机械工业部发布了《关于严格控制产品质量，加强农机鉴定工作的联合通知》，责成"各级农机鉴定站对生产量大、使用面广的农机产品进行鉴定，鉴定合格者发给《农业机械推广许可证》。为了与后来实施的生产许可证制度相协调，两部决定对"四小机"（小型柴油机、小四轮拖拉机、小手扶拖拉机、小型脱粒机）进行联合检测，合格者由农业部、机械工业部分别颁发推广许可证和生产许可证。这项工作对促进"四小机"质量的提高，发挥了重要作用。1988年农业部、公安部共同公布了《获得农机推广许可证的小型拖拉机配套柴油机生产企业及产品目录》，规定了只有获得推广许可证的小型拖拉机才准予上户。

农机推广鉴定制度在建立初期，尚处于计划经济条件下，农机推广鉴定制度规定了未获证产品不得供油、供钢材和检验上户等强制性措施，后来，随着市场经济的深入，推广鉴定制度也在不断改革与完善。进入90年代，推广鉴定制度已逐步变为一种政府引导、企业自愿的产品性能与质量认证制度。其内容也从产品质量是否符合标准为主向农机产品的先进性、适用性、可靠性、安全性，售后服务等综合性能鉴定转化，体现了农业部门进行农机鉴定工作的特色。

农机推广鉴定制度的建立可以追溯到1983年原农牧渔业部发布的《中华人民共和国农牧渔业部农业机械鉴定工作条例》（现《农业机械试验鉴定办法》的前身），逐渐发展成政府引导、企业自愿的"以先进性、适用性、安全性和可靠性为主"的科学评价制度。特别是2004年实施《中华人民共和国农业机械化促进法》以来，从法律的高度明确了国家采取财政手段支持农业机械推广，依法制定《国家支持推广的农业机械产品目录管理办法》和《农业机械试验鉴定办法》，同时明确了农机推广鉴定报告作为出具证书的必要条件，农机推广证书又作为进入《国家支持推广的农业机械产品目录》（俗称"补贴目录"）的必要条件之一，由于补贴政策的强大推动作用，农机化水平空前提升，同时农机推广鉴定工作也快速发展。

二、农机鉴定制度框架

推广鉴定工作已经形成以"一个法律、一个条例、一个文件、八个办法、两个细则、一个指南"为法律法规框架，其中一个法律《中华人民共和国农业机械化促进法》、一个条例《农业机械安全监督管理条例》、一个文件《国务院关于促进农业机械化和农机工业又好又快发展的意见》、八个办法《农业机械试验鉴定办法》、《农业机械试验鉴定机构鉴定能力认定办法》、《农业机械推广鉴定证书和标志管理办法》、《农业机械推广鉴定实施办法》、《农业部农业机械试验鉴定大纲管理办法》、《农业机械质量投诉管理办法》、《农业机械质量调查办法》、《国家支持推广的农业机械产品目录管理办法》、两个细则《农业机械部级推广鉴定实施细则》、《农业机械试验鉴定机构部级鉴定能力认定实施细则》（试行）、一个指南《部级农业机械试验鉴定产品种类指南》。农机推广鉴定的法律依据最初是农牧渔业部1983年颁发的《中华人民共和国农牧渔业部农业机械鉴定工作条例》（试行），现已更名为《农业机械试验鉴定办法》。1993年国家颁布的中华人民共和国《农业技术推广法》为农机鉴定工作提供了基本的法律依据。

2004年6月25日《中华人民共和国农业机械化促进法》经全国人民代表大会常务委员会第十次会议通过，胡锦涛主席签发第十六号主席令予以公布，自2004年11月1日施行。《农业机械化促进法》进一步从法律上明确了农机试验鉴定工作的地位和作用，也从原则上规定了农机鉴定制度"企业自愿、政府引导"的性质和"先进性、适用性、安全性和可靠性为主"的鉴定内容。

《农业机械化促进法》颁布实施以来，《农业机械试验鉴定办法》、《农业机械试验鉴定机构鉴定能力认定办法》、《农业机械推广鉴定证书和标志管理办法》和《农业机械推广鉴定实施办法》等有关配套规章相继发布实施。各省（区、市）制修订了地方性农业机械试验鉴定管理规章。《国务院关于促进农业机械化和农机工业又好又快发展的意见》的发布实施，对加强农业机械试验鉴定工作进一步提出了明确要求。这些法律法规和政策规定，奠定了农业机械试验鉴定在国家推进农业机械化进程中的法律地位，农业机械试验鉴定工作步入依法鉴定的轨道。

农机试验鉴定政策法规建设取得新突破在全国农机试验鉴定机构的支持配合下，农业部先后发布实施《全国农业机械试验鉴定"十二五"规划（2011—2015）》、《农业部关于进一步加强农机试验鉴定工作的意见》、《农业部农业机械试验鉴定大纲管理办法》、《农业机械部级推广鉴定实施细则》等系列文件。2015年，为落实中央简政放权、转变政府职能的精神，农业部加强顶层设计，围绕精简内容、简化程序、降低成本、服务实体经济等目标，对《农业机械试验鉴定办法》及《农业机械推广鉴定实施办法》进行了修订，分别以农业部令和部公告的形式发布，明确了新形势下鉴定机构主体责任，增强了鉴定针对性、开放性、规范性。

30多年来农机推广鉴定制度的实施，为广大农民购买安全、优质农机产品，促进生产企业技术进步和管理水平的提高发挥了重要作用。只有高质量的农业机械，才能提供高效的应用性能，实现农业丰产增收，增加经济效益。

三、鉴定对象

按照《中华人民共和国农业机械化促进法》第十六条第二段农业机械生产者或者销售者，可以委托农业机械试验鉴定机构，对其定型生产或者销售的农业机械产品进行适用性、安全性和可靠性检测，作出技术评价。农业机械试验鉴定机构应当公布具有适用性、安全性和可靠性的农业机械产品的检测结果，为农民和农业生产经营组织选购先进适用的农业机械提供信息。

1. 申请农机鉴定的产品应当符合下列条件

（1）属合格产品；

（2）有一定的生产批量；

（3）列入农机鉴定产品种类指南或计划；

（4）实行强制认证或者生产许可证管理的产品，还应当取得相应证书；

（5）申请前五年内，未因违反《农业机械试验鉴定办法》第二十五条第一、五、六、七和第三十条的规定。

2. 申请农机鉴定提交的材料

（1）农机鉴定申请表；

（2）产品执行的标准；

（3）产品使用说明书；

（4）农机产品合格和申请材料真实性承诺书。

委托他人代理申请的，还应当提交农业机械生产者或者销售者签署的委托书。

申请专项鉴定的产品，还应当提交农机创新产品的说明书。

3. 申请鉴定的企业资质要求

申请鉴定的产品应在农业机械生产者营业执照（境外生产者为法定登记注册文件）的经营范围内，家机鉴定一般由生产者申请，由销售者申请的，应当提交生产者签署的委托书。

四、鉴定内容

农机鉴定按鉴定类型分为推广鉴定及专项鉴定

1. 推广鉴定鉴定内容

（1）安全性评价；

（2）适用性评价；

（3）可靠性评价。

2. 专项鉴定

（1）创新性评价；

（2）安全性检查；

（3）适用地区性能试验。

五、证书管理

1. 鉴定公告

通过鉴定的农机产品，由农机鉴定机构在指定媒体上公布产品信息和相应的检测结果，在公告10日内颁发农业机械鉴定证书，产品生产者凭农业机械鉴定证书使用相应的农业机械鉴定标志。

2. 鉴定证书有效期

农机推广鉴定证书的有效期为5年，农机专项鉴定证书的有效期为3年，有效期满仍符合现行鉴定大纲要求的，实行注册管理；不再符合鉴定大纲要求的，证书失效。

3. 鉴定证书的变更

通过农机鉴定的产品，其生产企业的名称或者注册地点发生改变的，应当凭证明文件向原发证机构申请变更换证；产品对机构、型式和主要技术参数变更超出限定范围的，应当重新申请鉴定。

4. 鉴定证书的撤销

通过农机鉴定的产品，有下列情形之一的，由原发证机构撤销农机鉴定证书，并予公告：

（1）产品出现重大质量问题，或出现集中的质量投诉后生产者未在规定期限内解决的；

（2）企业名称或者注册地点发生改变在3个月内未申请变更的；

（3）产品结构、型式和主要技术参数变化超出限定范围未重新申请鉴定的；

（4）在国家产品质量监督抽查或市场质量监督检查中不合格的；

（5）通过欺诈、贿赂等手段获取鉴定结果或者证书的；

（6）涂改、转让、超范围使用农机鉴定证书和标志的；

（7）存在侵犯专利的。

5.鉴定证书的注销

通过农机鉴定的产品，有下列情形之一的，由原发证机构注销农机鉴定证书，并予公告：

（1）生产者申请注销的；

（2）证书有效期届满未实行注册管理的；

（3）国家明令淘汰的；

（4）生产者营业执照被吊销的；

（5）法律法规规定应当注销的其他情形。

参考文献

费业泰.2010.误差理论与数据处理[M].北京：机械工业出版社.

葛蕴珊.2001.汽车发动机原理与结构[M].北京：中国劳动社会保障出版社.

关玉琴，王峻森，牛海霞，等.2012.机械式调速器的工作与调速特性分析[J]:《内蒙古农业大学学报（自然科学版）》,(z1)：164-168

郭康权.2015.农产品加工机械学 北京：学苑出版社.

国家认证认可监督管理委员会.2014.实验室资质认定工作指南[M].北京：中国计量出版社.

国家认证认可监督管理委员会.2018.检验检测机构资质认定评审员教程[M].北京：中国质检出版社.

李旦，等.1997.机械制造工艺学[M].哈尔滨：哈尔滨工业大学出版社.

李华.1997.机械制造技术[M].北京：机械工业出版社.

李晓东.2002.测量不确定度的相关概念及评定方法的探讨[J].理化检验—物理分册，38（11）：510-513

司乃钧.2002.机械加工工艺基础[M].北京：高等教育出版社.

涂序斌，等.2012.机械制造基础（第2版）[M].北京：北京理工大学出版社.

徐志坚，耿占斌，廖汉平.2012.对拖拉机采用带负载换挡技术的思考[J].农业机械.35期

张皓阳.2015.公差配合与测量（第2版）[M].北京：人民邮电出版社.

张绪祥，李望云.2007.机械制造基础[M].北京：高等教育出版社.

张绪祥，王军.2007.机械制造工艺[M].北京：高等教育出版社.

张绪祥，熊海涛，等.2013.机械制造技术基础[M],北京：人民邮电出版社.

周正元.2016.机械制造基础[M].南京：东南大学出版社.

朱淑萍.2008.机械加工工艺及装备（第2版）[M]北京：机械工业出版社.